Fachwissen Technische Akustik

Diese Reihe behandelt die physikalischen und physiologischen Grundlagen der Technischen Akustik, Probleme der Maschinen- und Raumakustik sowie die akustische Messtechnik. Vorgestellt werden die in der Technischen Akustik nutzbaren numerischen Methoden einschließlich der Normen und Richtlinien, die bei der täglichen Arbeit auf diesen Gebieten benötigt werden.

Weitere Bände in der Reihe http://www.springer.com/series/15809

Michael Möser
(Hrsg.)

Messung der Schallleistung

Herausgeber
Michael Möser
Institut für Technische Akustik
Technische Universität Berlin
Berlin, Deutschland

ISSN 2522-8080 ISSN 2522-8099 (electronic)
Fachwissen Technische Akustik
ISBN 978-3-662-57991-6 ISBN 978-3-662-57992-3 (eBook)
https://doi.org/10.1007/978-3-662-57992-3

Die Deutsche Nationalbibliothek verzeichnet diese Publikation in der Deutschen Nationalbibliografie; detaillierte bibliografische Daten sind im Internet über http://dnb.d-nb.de abrufbar.

Springer Vieweg

Springer Vieweg ist ein Imprint der eingetragenen Gesellschaft Springer-Verlag GmbH, DE und ist ein Teil von Springer Nature
Die Anschrift der Gesellschaft ist: Heidelberger Platz 3, 14197 Berlin, Germany

Inhaltsverzeichnis

Autorenverzeichnis

Dr.-Ing. Roman Tschakert Institut für Strömungsmechanik und Technische Akustik, Technische Universität Berlin, Berlin, Deutschland
E-Mail: roman.tschakert@tu-berlin.de

Dr.-Ing. Agnes Sayer Institut für Strömungsmechanik und Technische Akustik, Technische Universität Berlin, Berlin, Deutschland

Messung der Schallleistung

Michael Möser, Agnes Sayer und Roman Tschakert

Zusammenfassung

Für akustische Planungen ist es unerlässlich zu wissen, wie viel Schall eine Quelle abstrahlt. Auch die Wahl einer geräuscharmen Maschine ist nur möglich, wenn die jeweiligen Herstellerangaben miteinander vergleichbar sind. Die Schallleistung ist in beiden Fällen die passende Größe, da sie die Schallabstrahlung einer Quelle unabhängig vom umgebenden Raum beschreibt. In dem Band „Schallleistung“ werden die theoretischen Grundlagen erläutert und verschiedene, grundlegende Messmethoden vorgestellt. Damit wird die Leserin oder der Leser in die Lage versetzt, das für eine spezifische Messaufgabe passende Messverfahren auszuwählen und, falls in den einschlägigen Regelwerken keine Vorgaben für besondere Einzelfälle zu finden sind, angepasste Lösungen zu erarbeiten, die mit den jeweiligen Messprinzipien in Einklang stehen.

M. Möser
Institut für Technische Akustik,Technische Universität Berlin, Berlin, Deutschland

A. Sayer · R. Tschakert(✉)
Institut für Strömungsmechanik und Technische Akustik, Technische Universität Berlin, Berlin, Deutschland
E-Mail: roman.tschakert@tu-berlin.de

1 Einleitung

Für akustische Planungen ist es unerlässlich zu wissen, wieviel Schall eine Quelle abstrahlt. Die Größe, die die pro Zeitintervall abgegebene Schallenergie beschreibt, ist die Schallleistung. Aus der Schallleistung und dem Einfluss der Umgebung können z. B. der Schalldruckpegel an einem Arbeitsplatz in einer Werkhalle oder an einem Immissionsort in der Nachbarschaft errechnet werden.

Da neben den akustischen Eigenschaften von Umgebungen auch die Größe und Abstrahlcharakteristik von Geräuschquellen sehr verschieden sein können, können Angaben von Schalldruckpegeln, wie der bei Maschinen oft verwendete 1 m Freifeldpegel, nur Zwischengrößen sein, um die tatsächliche Schallleistung zu errechnen. Auch die Bestimmung von Schalldämmmaßen in der Bauakustik beruht auf Schallleistungsmessungen, da die durchgelassene Schallleistung mit der auf das Bauteil auftreffenden Schallleistung ins Verhältnis gesetzt wird.

Im folgenden Kapitel werden die theoretischen Grundlagen erläutert und verschiedene, grundlegende Messmethoden vorgestellt. Kenntnisse der Grundprinzipien der Schallausbreitung im Freien und in Räumen (Abstandsgesetz und diffuses Schallfeld) werden prinzipiell vorausgesetzt und in diesem Kapitel nur kurz zusammengefasst.

M. Möser (Hrsg.), *Messung der Schallleistung*, Fachwissen Technische Akustik,
https://doi.org/10.1007/978-3-662-57992-3_1

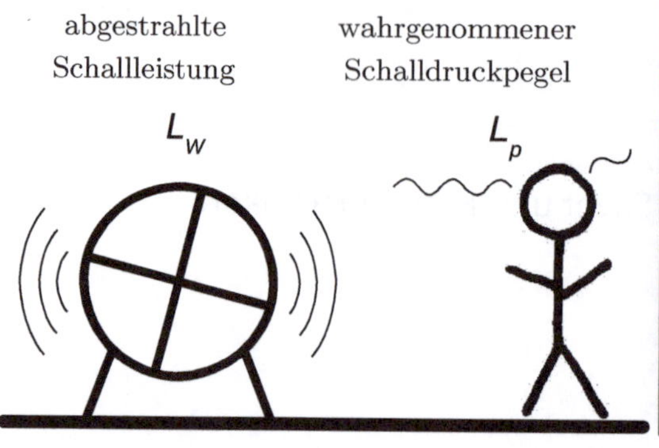

a Schallleistung schematisch

b Beispiel Messsituation in-situ

c Prüfobjekt im reflexionsarmen Raum

d Messen im Hallraum

Abb. 1 **a** Eine Quelle strahlt eine bestimmte Schallleistung in die Umgebung ab. Die Empfängerin oder der Empfänger nimmt den auf sie oder ihn einwirkenden Schalldruckpegel wahr. **b** Typische Probleme bei in-situ Messungen sind Fremdgeräusche und Zugänglichkeit. Ist die Quelle transportabel kann in speziellen Messräumen gemessen werden, **c** in einem reflexionsarmer Raum (freie Schallausbreitung, keine Reflexionen an den Raumbegrenzungsflächen) oder **d** in einem Hallraum (diffuses Schallfeld, nahezu vollständige Reflexion an den Raumbegrenzungsflächen)

1.1 Überblick

Eine schematische Darstellung der Schallleistung und Beispiele für typische Messumgebungen sind in Abb. 1 dargestellt. Prinzipiell gibt es zwei Methoden, die Schallleistung zu bestimmen:

a) im Direktfeld der Quelle oder
b) im Diffusfeld.

Die Schallleistung ist i. d. R. eine von der Umgebung unabhängige Größe. Um sie zu messen ist dennoch die Kenntnis der akustischen Eigenschaften des die Quelle umgebenden Raums wichtig, um bei der *Methode a)* Umgebungskorrekturen vornehmen zu können, oder bei *Methode b)* die Schallleistung aus dem diffusen Schallfeld errechnen zu können.

Einen Überblick über mögliche Verfahren in Abhängigkeit der Genauigkeitsanforderung, der Umgebungsbedingungen und der akustischen Eigenschaften der Quelle findet sich in DIN EN ISO 3740 [1], ebenso wie weitere Erläuterungen und Hinweise auf mögliche Korrekturfaktoren. Prinzipielle Kriterien bei der Wahl des Verfahrens sind:

- die geforderte Genauigkeitsklasse,
- die Größe und Transportierbarkeit der Maschine,

- die bei den Messungen zur Verfügung stehende Prüfumgebung,
- der Fremdgeräuschpegel,
- der Charakter des von der Quelle erzeugten Geräuschs (breitbandig, schmalbandig, tonal, zeitlich schwankend, impulshaltig, ...),
- die zur Verfügung stehenden akustischen Messgeräte,
- die geforderte Art der Schallleistungspegel (A-bewertet, Terzen, Oktaven).

Allen in den Normen dargestellten Verfahren ist gemein, dass das Prüfobjekt wie für den bestimmungsgemäßen Gebrauch aufzustellen und zu befestigen ist und unter reproduzierbaren Bedingungen laufen soll. Die Details zu den erforderlichen Messdauern, Mindestabständen, z. B. zwischen Messgerät und Quellstruktur, Ort und Anzahl der Messpunkte etc. sind in den entsprechenden Normen nachzulesen. In den folgenden Kapiteln werden die Grundzüge der verschiedenen Verfahren erläutert und deren Vor- und Nachteile geschildert. Am Ende jeden Kapitels finden sich Literaturhinweise zu den einschlägigen Normen.

1.2 Genauigkeitsklassen

In DIN EN ISO 12001 [12] sind drei Genauigkeitsklassen definiert, die verschiedene Anforderungen an die Messumgebung und die Prüfgeräte stellen. Werte für die jeweils zu erwartende Messunsicherheit sind in Tab. 1 aufgeführt. Messungen der Genauigkeitsklasse 1 werden stets unter Laborbedingungen (reflexionsarmer Raum oder Halbraum, Hallraum) durchgeführt und benötigen eine besondere Sorgfalt bei der Auswahl der Messpunkte.

Bei technischen Messungen der Genauigkeitsklasse 2 werden die akustischen Eigenschaften der Umgebung untersucht und berücksichtigt. Die Norm verwendet die Begriffe „ein im Wesentlichen freies Schallfeld“ bzw. „Raum mit schallharten Wänden“, „Sonderhallraum“ oder „hallige Umgebung“.

Messungen der Genauigkeitsklasse 3 werden in situ mit geringem Aufwand für die Kontrolle der akustischen Umgebung durchgeführt. Die so gewonnenen Ergebnisse sind im Allgemeinen nur für den Vergleich von „Schallquellen mit gleichartigen Merkmalen“ [12] zu verwenden und nicht ausreichend, um verlässliche Planungen durchführen oder Schallminderungsmaßnahmen an der Quelle entwickeln zu können.

1.3 Schallfeld im Freien – Direktfeld

Schallfeld im Freien

Sieht man im einfachsten Fall von der Richtcharakteristik der Schallquelle ab und geht von einer ungerichteten, in alle Richtungen gleichmäßig strahlenden Punktschallquelle aus, dann ergibt sich der Schalldruckpegel L im (ausreichend großen) Abstand r vom Mittelpunkt der Quelle aus

$$L = L_W - 20\lg\frac{r}{\mathrm{m}} - 8\,\mathrm{dB}, \qquad (1)$$

worin L_W den weiter unten in Gl. (21) definierten Schallleistungspegel der Quelle bezeichnet. Unter r/m ist hier der dimensionslose Abstand ‚in Metern‘, also ‚$r/\mathrm{m} = r$ geteilt durch 1 m‘ zu verstehen. Die genannte Gleichung gilt für den Fall einer Einzelquelle auf einer festen, vollständig reflektierenden schallharten Unterlage, also z. B. für Kraftfahrzeuge auf gering absorbierenden Straßenbelägen.

Die hier zugrunde gelegte Annahme ungerichteter Abstrahlung ist bei vielen technischen breitbandigen Quellen (Motoren, Maschinen, kleinere Fahrzeuge, Autoauspuff, Explosionen etc.) tatsächlich auch oft etwa vorhanden, so dass Gl. (1) brauchbare Anhaltswerte liefert. Eine Herleitung von Gl. (1) ist z. B. in [21] zu finden. Löst man Gl. (1) nach L_W auf, ist ein einfacher Zusammenhang für die Bestimmung der Schallleistung aus Schalldruckpegelmessungen im Direktfeld hergestellt.

Tab. 1 Genauigkeitsklassen und zu erwartende maximale Messunsicherheit für die Bestimmung A-bewerteter Schallleistungspegel nach DIN EN ISO 3740 [1]. Unsicherheiten, die sich aus dem Betrieb der Quelle ergeben, sind hinzuzuaddieren

Genauigkeitsklasse	Verfahren	Messunsicherheit
1	Präzisionsverfahren	ca. 0,5 dB(A)
2	Technisches Verfahren	1,5 bis 2 dB(A)
3	Übersichtsverfahren	3 bis 5 dB(A)

Messungen im Direktfeld
Allen Messverfahren im Direktfeld ist gemein, dass um die Schallquelle eine imaginäre Fläche gelegt wird, die die Quelle vollständig umschließt. Diese Fläche wird Hüllfläche genannt. Wichtig ist, dass sich darin, abgesehen vom Prüfobjekt, keine zusätzlichen Ausbreitungshindernisse oder absorbierenden Oberflächen befinden. Die Schallenergie, die die Quelle abstrahlt, wird dann vollständig durch die Hüllfläche treten.

Ist also die durch die Hüllfläche transportierte Energie bekannt, kann daraus direkt die Schallleistung der Quelle ermittelt werden. Aufgabe der verschiedenen Messmethoden ist, diesen Energiefluss (im Weiteren Intensität genannt, vgl. Abschn. 2.1) zu ermitteln. Dabei kann die Intensität indirekt aus Schalldruckmessungen oder direkt mit einer Intensitätssonde bestimmt werden. Die Genauigkeit des Verfahrens ergibt sich daraus, wie genau die Quellintensität bestimmt werden kann und welchen Einfluss Fremdgeräusche und die Umgebung haben. Bei nicht idealen Freifeldbedingungen können sich merkliche Unsicherheiten ergeben (vgl. Tab. 1).

Der große Vorteil der direkten Intensitätsmessung ist, dass Raumeinflüsse i. d. R. eine untergeordnete Rolle spielen, so dass im Prinzip auf spezielle Messräume verzichtet werden kann (wobei in halligen Räumen allerdings erhebliche Messfehler auftreten können).

Bei instationären Fremdgeräuschen sollte die Hüllfläche mit einer ausreichend großen Anzahl an Mikrofonen abgedeckt werden. Die gleichzeitige Messung aller Mikrofonpositionen kann in Zeitabschnitten ohne auffällige Fremdgeräuschereignisse durchgeführt werden und mit K_1 aus Gl. (42) um den Fremdgeräuscheinfluss korrigiert werden. Ist bereits die Schallabstrahlung der Quelle instationär (Hoch-, Runterfahren von rotierenden Aggregaten, impulshaltige Geräusche bei Pressen etc.) ist das letztgenannte Verfahren die einzige Möglichkeit, mit überschaubarem Aufwand zuverlässige Werte der Schallleistung zu bestimmen.

1.4 Schallfeld in Räumen – Diffusfeld

Schallfeld in Räumen
Der gedankliche ‚Einbau‘ einer Quelle in einen von reflektierenden Oberflächen begrenzten Raum ist natürlich nur dann sinnvoll, wenn die von ihr abgegebene Leistung von der speziellen Einbau-Umgebung auch unabhängig ist. Dies ist nicht immer der Fall, insbesondere hängt die Leistungsabgabe bei schmalbandigen Schallen begreiflicher Weise in sehr erheblichem Maß von den Raum-Resonanzen und ihrem Verlustfaktor ab.

Wie man zeigen kann ist andererseits die in einen Raum abgegebene Schallleistung stets dann gleich der von der selben Quelle ins Freie abgestrahlten Leistung, wenn in der Signalbandbreite genügend Raum-Resonanzen enthalten sind, wenn es sich also um ein diffuses Schallfeld handelt, das sich nur in größeren Volumina einstellen kann. Bei kleinen Volumina und zu kleiner Bandbreite – wie z. B. bei der Betrachtung von Oktaven oder gar Terzen in der Fahrgastkabine eines Kraftfahrzeuges – ist die genannte Voraussetzung verletzt. In einem solchen Fall können Prognose-Rechnungen, die sich auf die Freifeld-Leistung der Quelle stützen, problematisch sein.

Bei genügender Signal-Bandbreite und ausreichend großen Volumina kann man den Schalldruckpegel L für einen Raum mit der äquivalenten

Tab. 2 Maximal zulässige Absorptionsflächen im leeren Hallraum

Terzmittenfrequenz in Hz	100–800	1000	1250	1600	2000	2500	3150	4000	5000
max. äquivalente Schallabsorptionsfläche in m^2	6,5	7,0	7,5	8,0	9,5	10,5	12,0	13,0	14,0

Absorptionsfläche A aus dem Schallleistungspegel der Quelle bestimmen. Wie in [16,21] und in [14] näher ausgeführt wird, gilt im diffusen Schallfeld

$$L = L_W - 10\lg\frac{A}{\mathrm{m}^2} + 6\,\mathrm{dB}. \tag{2}$$

Der Raumpegel hängt also nur von der absorbierenden Fläche und der Quelle, nicht aber vom Raumvolumen V ab. Die äquivalente Absorptionsfläche A wird dabei normalerweise durch Messung der Nachhallzeit T des Raumes aus der Sabineschen Nachhallformel bestimmt (Gl. 3).

$$A/\mathrm{m}^2 = 0{,}163\frac{V/\mathrm{m}^3}{T/\mathrm{s}} \tag{3}$$

Messungen im Diffusfeld

Unter den Voraussetzungen der statistischen Raumakustik ergibt sich in geschlossenen Räumen ein gleichmäßiges, diffuses Schallfeld. Im sogenannten Diffusfeld ist der Schalldruckpegel an jedem Ort gleich und weitgehend unabhängig von der Position der Quelle. Ein diffuses Schallfeld ergibt sich in nicht allzu großen, annähernd quaderförmigen Räumen, bei denen sich die Abmessungen nicht übermäßig voneinander unterscheiden. Die Absorption im Raum sollte gleich verteilt und möglichst gering sein. Einbauten, Vorsprünge, große Maschinen, Möblierungen und sonstige Ausbreitungshindernisse stören i.d.R. die Gleichmäßigkeit des Schallfeldes.

Bei den Messungen, bei denen außerdem Mindestabstände zu Raumbegrenzungsflächen und zur Quelle einzuhalten sind, kann dies teilweise durch zusätzliche Messpunkte ausgeglichen werden. Bei komplizierten Raumgeometrien stellt sich dem Messingenieur jedoch die Frage, welche Raumbereiche er oder sie bei den Messungen berücksichtigt. Dies kann einen relevanten Einfluss auf das Messergebnis haben, wenn z. B. angeschlossene Volumina deutlich halliger sind, als der eigentliche Messraum.

Entsprechend definiert die DIN EN ISO 3741 [2] für Messungen der Genauigkeitsklasse 1 einen Hallraum mit festgelegten Anforderungen an das Volumen, die Diffusität des Schallfeldes und die maximal zulässige Absorption. Es sind Verfahren festgelegt, mit denen die Eignung der Messumgebung geprüft werden kann. Für einen üblichen Hallraum der Größe $V = 200\,\mathrm{m}^3$ ergeben sich u. a. die in Tab. 2 aufgeführten maximal zulässigen äquivalenten Schallabsorptionsflächen, die der leere Raum aufweisen darf.

Aufgrund der Messumgebung wird das Verfahren auch Hallraum-Verfahren genannt. Weitere Erläuterungen finden sich in Abschn. 3.2.

1.5 Kurzer Ausblick in die Körperschallleistung

Manchmal interessiert auch der Leistungsfluss bei Schwingungen und Wellen, die sich innerhalb von festen Strukturen ausbreiten. Dabei ist zu beachten, dass die Wellenausbreitung in Festkörpern komplexeren Gesetzmäßigkeiten folgt als in Fluiden. Während im Luftschall nur Longitudinalwellen auftreten können, da Luft als Gas keine Schubspannungen aufnehmen kann, können innerhalb von Strukturen zusätzlich Transversalwellen auftreten. Dies hat zur Folge, dass nicht nur Kräfte und Geschwindigkeiten, sondern auch Momente und Rotationsgeschwindigkeiten, und Kreuzungen hiervon eine Leistungsübertragung beschreiben können.

Als allgemeine Gleichung für die Körperschallleistung W gilt die folgende

$$W = \mathrm{Re}\,(Q)\,. \tag{4}$$

Dabei steht Re für die Bildung des Realteils und Q beschreibt die komplexe Leistung

$$Q = \frac{1}{2} v F^*. \tag{5}$$

Dabei sind die Gleichungen für die komplex konjugierte Kraft F^* und die Schnelle v zum einen Platzhalter für Kräfte/Momente und Geschwindigkeiten/Rotationsgeschwindigkeiten und zum anderen abhängig davon, in welchem Zusammenhang die Gleichungen betrachtet werden: als Leistung bzw. Intensitäts-Verteilung innerhalb einer Struktur oder als übertragene Leistung von einer Körperschallquelle auf eine passive Empfangsstruktur. Während im Luftschall die passive Empfangsstruktur ‚Luft' durch ihre konstante Impedanz $\varrho_0 c$ in den Gleichungen der Leistung vertreten ist, können die Impedanzen von festen Empfangsstrukturen variieren.

Die Komplexität des Themas wird außerdem deutlich beim Blick in die Normung. Ein Verfahren zur Bestimmung des Körperschallleistungs-Pegels, der die übertragene Leistung zwischen Quell- und Empfangsstruktur beschreibt, ist in DIN EN 12354-5 [17] dargestellt. Dabei wird die Körperschallleistung aufgeteilt in eine sogenannte charakteristische Körperschallleistung, die das Vermögen der Quellstruktur beschreibt, Leistung zu generieren und in einen Kopplungsfaktor, der die Ankopplung und das Zusammenspiel zwischen Quelle und Empfänger beschreibt und darstellt, wieviel Leistung tatsächlich in die Empfangsstruktur übertragen wird. Genauere Gleichungen und Beschreibungen, wie die einzelnen Größen bestimmt und gemessen werden können, sind in Anhang D der Norm zu finden.

Ausführlichere Darstellungen des Themas findet man in [18, 19, 22] und in [23].

1.6 Rahmennormen

Für die Angabe von Emissionsdaten und die Wahl des Messverfahrens sollte die einschlägige Normung beachtet werden. Im Folgenden sind die entsprechenden Rahmennormen gelistet. Die Dokumente für die einzelnen Messverfahren sind in den jeweiligen Kapiteln aufgeführt.

- DIN EN ISO 3740 (2001): Bestimmung der Schallleistungspegel von Geräuschquellen – Leitlinien zur Anwendung der Grundnormen [1]
- DIN EN ISO 4871 (2009): Angabe und Nachprüfung von Geräuschemissionswerten von Maschinen und Geräten [7]
- DIN EN ISO 6926 (2016): Anforderungen an die Eigenschaften und die Kalibrierung von Vergleichsschallquellen für die Bestimmung von Schallleistungspegeln [8]
- DIN EN ISO 12001 (2010): Geräuschabstrahlung von Maschinen und Geräten – Regeln für die Erstellung und Gestaltung einer Geräuschmessnorm [12]
- DIN EN 12354-5 (2009): Bauakustik – Berechnung der akustischen Eigenschaften von Gebäuden aus den Bauteileigenschaften – Teil 5: Installationsgeräusche [17]

2 Theoretische Hintergründe

2.1 Schallenergie, Schallleistung und Schallintensität

Weil es sich beim Schall bekanntlich um örtlich verteilte Felder handelt, bei denen von Ort zu Ort Änderungen auftreten, müssen die beschreibenden Feldgrößen notwendigerweise in Dichtefunktionen bestehen. So wird die momentane räumliche akustische Energiedichte aus

$$E = \frac{1}{2}\left\{\frac{p^2}{\varrho_0 c^2} + \varrho_0 v^2\right\} \tag{6}$$

bestimmt. Die physikalische Einheit der Energiedichte beträgt also $\dim(E) = \mathrm{Ws/m^3}$. Der erste Summand auf der rechten Seite von Gl. (6) beschreibt dabei den potentiellen Anteil (‚Feder-Energie' durch Aufladen des Gases mit Kompression) und der zweite Summand den kinetischen Anteil (Bewegungsenergie der Gasmasse). Das Symbol c beschreibt die Schallausbreitungsgeschwindigkeit und ϱ_0 die Ruhedichte des Gases. Der Schalldruck wird durch p dargestellt und die Schallschnelle durch v. Die in einem Volumen V momentan gespeicherte Energie E_V findet man durch Volumen-Integration aus

$$E_V = \int_V E \mathrm{d}V. \tag{7}$$

Der Energiezustand in einem Gas bildet ebenso Wellen wie die Feldgrößen Druck und Schnelle selbst. Wenn insbesondere eine fortschreitende Welle vorhanden ist mit

$$p = g(t - x/c),$$

(g bedeutet eine beliebige, vom Sender hergestellte Signalform), dann stehen Druck und Schnelle in einem festen, zeit- und ortsunabhängigen Verhältnis,

$$\frac{p}{v} = \varrho_0 c. \tag{8}$$

Der Faktor $\varrho_0 c$ wird dabei oft als Kennwiderstand (oder als Kennimpedanz) des Mediums bezeichnet. Für fortschreitende Wellen gilt damit für die Energiedichte

$$E(x,t) = \frac{p^2}{\varrho_0 c^2} = \frac{1}{\varrho_0 c^2} g^2 \left(t - \frac{x}{c}\right). \tag{9}$$

Die Signalgestalt der Energiedichte ist gleich dem Quadrat der (beliebigen) Signalform g des Schalldruckes, aber auch damit ist ein Transportvorgang längs der x-Achse beschrieben. Natürlich läuft die gespeicherte Energie ebenfalls mit der Ausbreitungsgeschwindigkeit c „mit dem Schallfeld mit“ und besteht wie dieses in einer Welle. Die zu einem festen Zeitpunkt vorhandene Energieverteilung ist „etwas später“ eben auch „wo anders hin“ verlagert worden. Zusammenfassend kann man sich also bei ebenen, fortschreitenden Wellen vorstellen, dass die Quelle Energie abgibt und diese mit der Schallgeschwindigkeit c durch das Gas wandert. Dabei ist die Energie dem Sender dabei unwiederbringlich verloren gegangen.

Vor allem bei stationären (also „dauernd“ und gleichmäßig) betriebenen Quellen beschreibt man den offensichtlich vorhandenen Energietransport leichter durch die abgegebene Leistung, weil die abgestrahlte Energie zeitlich anwächst. Der zeitliche Mittelwert der Leistung bildet dagegen eine Konstante, wie das Folgende zeigt.

Wegen der genannten Tatsache, dass es sich bei der Schallausbreitung um örtlich verteilte Vorgänge handelt, muss bei der Betrachtung des akustischen Leistungsflusses die Fläche mitbetrachtet werden, durch welche diese Leistung hindurchtritt. Zum Beispiel wächst bei einer ebenen fortschreitenden Welle die durch eine Fläche S hindurchfließende Leistung P[1] mit der Größe der Fläche S an. Es ist deswegen sinnvoll, diese Leistung durch das Produkt

$$P = IS \tag{10}$$

zu beschreiben, wobei stillschweigend angenommen worden ist, dass I auf der Fläche S konstant ist. Die damit definierte Größe I heißt Intensität, wie diese akustische Schallleistungs-Flächendichte genannt wird. Allgemein bildet die Intensität einen Vektor, der in Richtung der Wellenausbreitung zeigt. Für Gl. (10) ist zunächst wieder von eindimensionalen Schallvorgängen ausgegangen worden, I zählt also in x-Richtung.

Allgemeiner errechnet sich die durch eine Fläche S hindurchtretende Leistung P zu

$$P = \int \mathbf{I}\, \mathrm{d}\mathbf{S}, \tag{11}$$

wenn die Intensität nicht konstant über S ist. Darin bedeutet $\mathrm{d}\mathbf{S}$ das vektorielle Flächenelement, das überall auf der Fläche S senkrecht steht. Für die Bestimmung der Intensität lässt sich zeigen (siehe z. B. [21]), dass diese stets gleich dem Produkt aus Schalldruck und Schallschnelle ist:

$$\mathbf{I} = p\,\mathbf{v}\,. \tag{12}$$

Im Folgenden werden die Vektoren **I** und **v** meist durch die Skalare I und v ersetzt. Es sind dann beliebig wählbare Vektor-Komponenten gemeint,

[1] Die Schallleistung wird in der Literatur auch mit dem Buchstaben W gekennzeichnet.

die im eindimensionalen Fall stets in Ausbreitungsrichtung der Welle gezählt werden.

In der praktischen Anwendung wird die Fläche S meist eine geschlossene, eine Schallquelle vollständig umschließende, sogenannte Hüllfläche sein. Da die Hüllfläche beliebig groß (solange keine zusätzlichen schallabstrahlenden oder absorbierenden Flächen mit umschlossen werden) bzw. beliebig klein sein darf, also auch direkt der Oberfläche der Quelle entsprechen darf, ist die Leistung P, die durch diese Fläche dringt, dann gleich der von der Quelle insgesamt abgegebenen Schallleistung. Aus dieser Bemerkung wird noch einmal deutlich, dass die Leistung eine ‚integrale', globale Größe bildet, während die Intensität die örtliche Verteilung der Leistung – nämlich gerade ihre Flächendichte – angibt.

Auch bei stationär betriebenen Quellen sind Intensität I und Leistung P zeitabhängig. Diese Tatsache lässt sich z. B. leicht für Schallfelder zeigen, deren zeitliche Struktur in einem ‚reinen Ton' bestehen; darunter ist ein sinusförmiger Zeitverlauf zu verstehen. Es sei also an einem gewissen Ort ein Schalldruck-Zeitverlauf

$$p = \hat{p} \cos(\omega t) \tag{13}$$

und eine Schallschnelle

$$v = \hat{v} \cos(\omega t + \varphi) \tag{14}$$

angenommen, wobei $\hat{p}$ und $\hat{v}$ die Signal-Amplituden und φ die Phasenverschiebung zwischen Druck und Schnelle beschreiben. So beträgt die Phasenverschiebung bei ebenen, fortschreitenden Wellen gerade $\varphi = 0$, während sich bei stehenden Wellen (siehe nächster Abschnitt) eine Phasenverschiebung von $\varphi = \pm 90°$ ergibt. Die Intensität beträgt demnach

$$\begin{aligned} I(t) &= \hat{p}\hat{v} \cos(\omega t) \cos(\omega t + \varphi) \\ &= \frac{\hat{p}\hat{v}}{2} [\cos(\varphi) + \cos(2\omega t + \varphi)], \end{aligned} \tag{15}$$

wie man leicht mit Hilfe des Additionstheorems $\cos(\alpha - \beta) + \cos(\alpha + \beta) = 2\cos(\alpha)\cos(\beta)$ zeigen kann. Die Intensität schwingt offensichtlich mit der doppelten Frequenz um ihren zeitlichen Mittelwert $\overline{I}$, den man auch als Wirkintensität bezeichnet. Für die Wirkintensität gilt

$$\overline{I} = p_{\text{eff}} v_{\text{eff}} \cos(\varphi), \tag{16}$$

wobei p_{eff} und v_{eff} die Effektivwerte von Druck und Schnelle darstellen. Der mit der doppelten Frequenz schwingende, zeitveränderliche (mittelwertfreie) Anteil

$$I_B = p_{\text{eff}} v_{\text{eff}} \cos(2\omega t + \varphi) \tag{17}$$

heißt Blindintensität. In der Elektrotechnik kann der Blindleistungsfluss beim Energietransport für die Dimensionierung von Leiterquerschnitten eine Rolle spielen, für die Akustik dagegen interessiert diese Größe nicht.

Wie man an Gl. (16) erkennt, hat auch die Phasenbeziehung zwischen Druck und Schnelle einen wesentlichen Einfluss auf die Wirkintensität. Im übernächsten Abschnitt wird diese Tatsache noch einmal aufgegriffen.

Auch für allgemeine Signalformen mit vielen Frequenzanteilen wird die Charakterisierung von Quellen durch Angabe der zeitlichen Mittelwerte von Intensität oder Leistung, also durch

$$\overline{I} = \frac{1}{T} \int_0^T I(t) \mathrm{d}t \tag{18}$$

und durch

$$\overline{P} = \frac{1}{T} \int_0^T P(t) \mathrm{d}t \tag{19}$$

vorgenommen (T = Mittelungszeit).

2.2 Darstellung als Pegelgrößen

Wie in der Akustik aus guten Gründen allgemein üblich werden auch Leistung und Intensität durch Pegel beschrieben. Dabei definiert man die in

$$L_{\text{I}} = 10 \lg \frac{\overline{I}}{I_0} \tag{20}$$

und in

$$L_W = 10 \lg \frac{\overline{P}}{P_0} \quad (21)$$

erforderlichen Bezugsgrößen P_0 und I_0 so, dass sich gleiche Zahlenwerte für Druckpegel L, für Intensitätspegel L_I und für Leistungspegel L_W für den speziellen Fall einer ebenen fortschreitenden Welle ergeben und diese in Luft eine Fläche von $S = 1\text{m}^2$ durchsetzt. Mit

$$L = 10 \log \left(\frac{p_{\text{eff}}}{p_0} \right)^2 \quad \text{mit} \quad p_0 = 2 \cdot 10^{-5}\,\text{N/m}^2$$

ergibt sich also

$$I_0 = \frac{{p_0}^2}{\varrho_0 c} = 10^{-12}\,\text{W/m}^2 \quad (22)$$

und

$$P_0 = I_0 \times 1\,\text{m}^2 = 10^{-12}\,\text{W} \quad (23)$$

(mit $\varrho_0 c = 400\,\text{kg/(m}^2\,\text{s))}$.

2.3 Leistungstransport bei fortschreitenden oder stehenden Wellen

Abhängig von den akustischen Eigenschaften des Raumes, können sich große Unterschiede zwischen den Pegelgrößen ergeben. Zum Beispiel kann der Intensitätspegel in einer stark reflektierenden akustischen Umgebung sehr viel kleiner sein als der Schalldruckpegel. Die zugrunde liegende Theorie und die auftretenden Zusammenhänge und Unterschiede werden im Folgenden erklärt.

Fortschreitende Wellen
In einer Umgebung mit wenig Reflexionen – im Freien oder im reflexionsarmen Raum – besteht das Feld aus fortschreitenden, nur in eine gewisse Richtung laufenden Wellen, die an der absorbierenden oder offenen Berandung ‚verschluckt' werden. Das einfachste mathematische Modell für das Schallfeld besteht dann im Schalldruck-Verlauf

$$p(x,t) = \hat{p} \cos(\omega t - kx) \quad (24)$$

(k = Wellenzahl = $\omega/c = 2\pi/\lambda$, λ = Wellenlänge = c/f). Eine fortschreitende Welle besteht in einem mit der Zeit wanderndem Ortsverlauf (siehe Abb. 2). Zwischen den Schalldrücken an zwei sich um Δx unterscheidenden Mikrofonorten herrscht die Phasendifferenz $\Delta\varphi = k\Delta x = 2\pi\,\Delta x/\lambda$. Die Schnelle kann für diesen Fall direkt aus dem Druckverlauf mit Gl. (8) bestimmt werden zu

$$v\,(x,t) = \frac{\hat{p}}{\varrho_0 c} \cos\,(\omega t - kx)\,. \quad (25)$$

Damit ergibt sich für die Wirkintensität mit Gl. (12) und (18)

$$\overline{I} = \frac{1}{T} \int_0^T p(t) v(t) \mathrm{d}t = \frac{1}{\varrho_0 c} \frac{1}{T} \int_0^T p^2(t) \mathrm{d}t = \frac{\hat{p}^2}{2\varrho_0 c}\,. \quad (26)$$

Eingesetzt in die Definition des Intensitätspegels aus Gl. (20) mit Gl. (22) ergibt sich, dass Schalldruckpegel und Intensitätspegel gleich groß sind.

Stehende Wellen
In Räumen mit gering absorbierenden Begrenzungsflächen finden an letzteren Reflexionen des Schallfeldes statt. Das einfachste mathematische Modell für das Schalldruckfeld besteht hier in zwei gleich großen, aber gegenläufigen Schallwellen mit dem Orts- und Zeitverlauf

$$\begin{aligned} p(x,t) &= \hat{p}\,[\cos(\omega t - kx) + \cos(\omega t + kx)] \\ &= 2\hat{p} \cos kx \cos \omega t. \end{aligned} \quad (27)$$

Wegen des auf das Schallfeld angewandten Trägheitsgesetzes

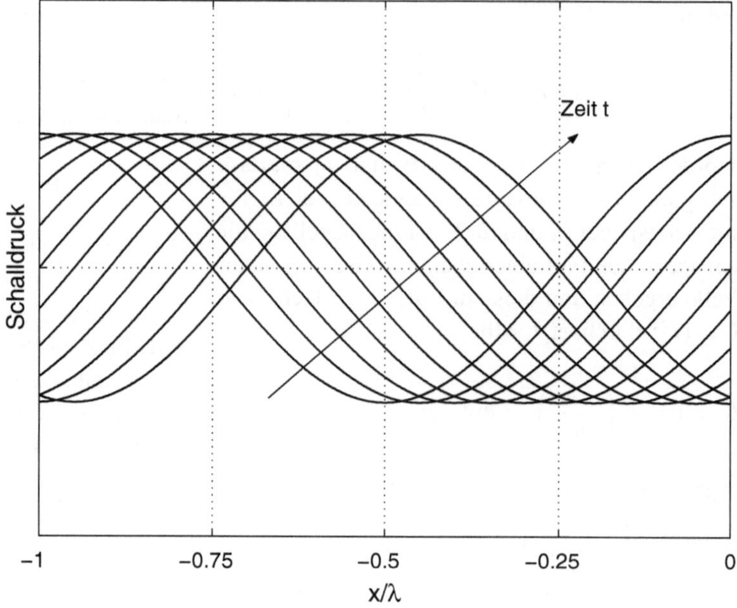

Abb. 2 Ortsverlauf des Schalldrucks einer fortschreitenden Welle für konstante Zeiten. Überdeckt wird eine halbe, zeitliche Periodendauer. Die Schallschnelle v hat wegen $v = p/\varrho_0 c$ den gleichen Orts- und Zeitverlauf

$$\varrho_0 \frac{\partial v}{\partial t} = -\frac{\partial p}{\partial x} \tag{28}$$

gilt für die Schallschnelle

$$v(x,t) = \frac{2\hat{p}}{\varrho_0 c} \sin kx \sin \omega t. \tag{29}$$

Die Verläufe sind in Abb. 3 und in Abb. 4 dargestellt.

Zwischen den Schalldrücken an zwei unterschiedlichen Mikrofonen herrscht für diese Wellenart immer die Phasendifferenz $\Delta\varphi = 0°$ oder $\Delta\varphi = 180°$. Druck und Schnelle hingegen sind stets um $\varphi = \pm 90°$ phasenverschoben. Im zeitlichen Mittel transportieren stehende Wellen keine Intensität und keine Leistung, wie man auch schon an den Druckknoten in Abb. 3 ablesen kann. In den Knoten ist wegen $p = 0$ auch die Intensität $I(t) = p(t)v(t) = 0$ für alle Zeiten gleich Null, durch Flächen mit $p = 0$ dringt also niemals Leistung. Das Gleiche gilt natürlich auch für die Schnelle-Knoten. Wegen des Prinzips der Energieerhaltung kann dann durch keine dazu parallele Fläche im zeitlichen Mittel Leistung fließen. Das zeigt natürlich auch die Rechnung. Aus Druck und Schnelle folgt die Intensität

$$\begin{aligned} I(x,t) &= \frac{4\hat{p}^2}{\varrho_0 c} \sin kx \cos kx \sin \omega t \cos \omega t \\ &= \frac{\hat{p}^2}{\varrho_0 c} \sin 2kx \sin 2\omega t. \end{aligned} \tag{30}$$

Im zeitlichen Mittel ist also die Intensität an jedem Ort gleich Null.

Die Tatsache, dass stehende Wellen ohne Energiezufuhr von außen auskommen, erklärt sich aus der getroffenen Annahme, dass bei der vorausgesetzten Totalreflexion keine Energie verlorengeht. Weil auch die Luft als verlustfrei aufgefasst worden ist, kann eine Schallwelle zwischen zwei Reflektoren beliebig oft hin- und herlaufen, ohne an Energie zu verlieren. In der Praxis ist die Annahme ganz fehlender Verluste immer mehr oder weniger stark verletzt. Die dann zugeführte Wirkleistung dient im eingeschwungenen, stationären Zustand ausschließlich zur Deckung der in der Realität immer vorhandenen Verlustleistung.

Die Hauptunterschiede zwischen fortschreitenden und stehenden Wellen lassen sich wie folgt zusammenfassen

- Geradezu ein Synonym für den Begriff ‚fortschreitende Welle' bildet die Tatsache, dass die Phasenverschiebung von an verschiedenen

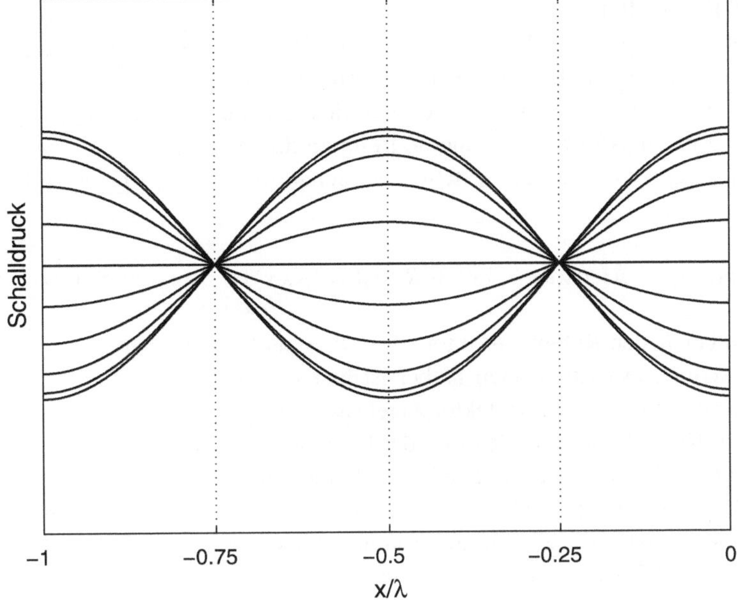

Abb. 3 Ortsverlauf des Schalldrucks in einer stehenden Welle für konstante Zeiten. Überdeckt wird eine zeitliche Periodendauer

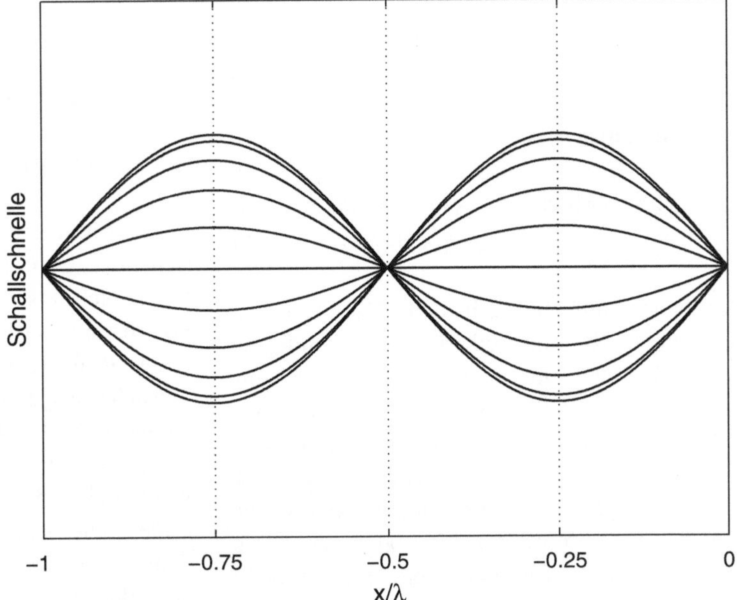

Abb. 4 Ortsverlauf der Schallschnelle in einer stehenden Welle für konstante Zeiten. Überdeckt wird eine zeitliche Periodendauer

Orten gemessenen Schalldruck-Signalen proportional zum Abstand dieser Orte wächst; in stehenden Wellen dagegen sind die an zwei Orten vorgefundenen Signale stets vollständig gleichphasig oder um 180° phasenverschoben.

- Auf Grund dieses Unterschiedes transportieren fortschreitende Wellen im zeitlichen Mittel Leistung durch den Wellenleiter-Querschnitt; bei stehenden Wellen ist die Wirkintensität überall gleich Null.

Teilweise Reflexion

In fast allen tatsächlich vorhandenen Räumen sind weder Reflexion noch Absorption vollständig und es sind teilweise reflektierende Begrenzungsflächen vorhanden. Beim eindimensionalen Wellenleiter besteht der Schalldruck dann aus

$$p(x,t) = \hat{p}\,[\cos(\omega t - kx) + R\cos(\omega t + kx)]\,, \tag{31}$$

wobei R den Reflexionsfaktor ($0 \leq R \leq 1$) bezeichnet. Der Einfachheit halber ist hier nur ein reellwertiger Reflexionsfaktor zugelassen worden (im Kapitel über die Messung der Schallabsorption findet man die allgemeinere Betrachtung). Wenn man die in $+x$-Richtung laufende Welle in einen vollständig reflektierten Anteil und in einen nicht reflektierten Anteil aufspaltet,

$$\begin{aligned}\hat{p}\cos(\omega t - kx) &= \hat{p}R\cos(\omega t - kx)\\ &\quad + \hat{p}(1-R)\cos(\omega t - kx),\end{aligned} \tag{32}$$

dann erhält man

$$\begin{aligned}p(x,t) &= \hat{p}R[\cos(\omega t - kx) + \cos(\omega t + kx)]\\ &\quad + \hat{p}(1-R)\cos(\omega t - kx).\end{aligned} \tag{33}$$

Der erste Summand mit dem Faktor R vor der eckigen Klammer bildet eine stehende, der zweite Summand mit dem Faktor $(1 - R)$ eine fortschreitende Welle. Grundsätzlich kann man sich also Schallfelder aus einer Summe von fortschreitenden und stehenden Wellen vorstellen. Je nach Fall sind mehr fortschreitende Anteile (bei kleinem Reflexionsfaktor R) oder mehr stehende Anteile (bei großem Reflexionsfaktor R) enthalten.

Beim Auftreten gegenläufiger Wellen wie in Gl. (31) addieren sich die Leistungen ‚pro Richtung' zur Gesamtleistung. Mit der Schallschnelle

$$v(x,t) = \frac{\hat{p}}{\varrho_0 c}\,[\cos(\omega t - kx) - R\cos(\omega t + kx)] \tag{34}$$

erhält man die Wirkintensität

$$\begin{aligned}\overline{I} &= \frac{\hat{p}^2}{\varrho_0 c}\frac{1}{T}\int_0^T [\cos(\omega t - kx) + R\cos(\omega t + kx)]\\ &\quad [\cos(\omega t - kx) - R\cos(\omega t + kx)]\,\mathrm{d}t\\ &= \frac{\hat{p}^2}{\varrho_0 c}\frac{1}{T}\int_0^T \Big[\cos^2(\omega t - kx)\\ &\quad - R^2\cos^2(\omega t + kx)\Big]\,\mathrm{d}t.\end{aligned}$$

Es gilt also

$$\overline{I} = \frac{\hat{p}^2}{2\varrho_0 c}\left[1 - R^2\right]. \tag{35}$$

Der ersten Summand bezeichnet die Intensität der in x-Richtung laufenden Welle alleine, der zweite Summand stellt die Intensität der reflektierten Welle alleine dar; die Gesamt-Intensität ergibt sich aus der Differenz der genannten Teile.

3 Schalldruckverfahren

3.1 Hüllflächen-Verfahren

Dieses Messverfahren beruht auf der Messung des Schalldrucks im sogenannten Fernfeld von Quellen, welches sich in ausreichender Entfernung von ihnen unter Freifeldbedingungen in Räumen ohne Reflexionen aufbaut. Dabei wird die Tatsache ausgenutzt, dass sich in ausreichender Entfernung die abgestrahlten Schallwellen als ebene, fortschreitende Wellen ausbreiten, bei denen Druck und Schnelle ein konstantes Verhältnis bilden. Die Schallschnelle ergibt sich direkt aus dem Schalldruck, so dass die Schnelle-Messung auf die Druckmessung zurückgeführt wird. Der Nachteil dieser Messmethode besteht vor allem darin, dass ein geeigneter, reflexionsarmer Messraum erforderlich ist.

Beim Hüllflächen-Verfahren wählt man die Messfläche für die Leistungsmessung ‚im Freien' nun so, dass die durch diese Fläche fließende Leistung gerade gleich der von der stationär betriebenen Quelle abgestrahlten Leistung ist. Man muss also die Messfläche so festlegen, dass sie die Quelle vollständig umhüllt, jedoch keine weiteren Quellen oder zusätzlichen, absorbierenden Flächen enthält.

Weiterhin ist sicherzustellen, dass alle Messpunkte auf der Hüllfläche im Fernfeld liegen.[2] Dabei müssen die im Folgenden genannten Fernfeld-Bedingungen eingehalten werden. Es muss

$$r \gg l, \tag{36}$$

$$r \gg \lambda, \tag{37}$$

und

$$\frac{r}{l} \gg \frac{l}{\lambda} \tag{38}$$

gelten, damit ein Messpunkt im Fernfeld liegt. Dabei bedeutet l eine typische Strahler-Abmessung (im Zweifel die größte Seitenlänge), r ist der Messpunkt-Abstand zum Strahler-Mittelpunkt und $\lambda = c/f$ bezeichnet die akustische Wellenlänge (eine Herleitung der genannten Fernfeldbedingungen enthält z. B. [21]).

Eine wichtige Eigenschaft des Fernfeldes besteht darin, dass in ihm die Richtcharakteristik eines beliebigen Strahlers vom Abstand r unabhängig ist. Auf jeder Kugel mit der Strahler-Mitte im Kugel-Mittelpunkt würde man also die gleiche Pegelverteilung messen, wenn man dabei von der einfachen Entfernungsabnahme des Pegels mit 6 dB pro Entfernungsverdopplung absieht.

Für Messabstände r andererseits, die nicht im Fernfeld liegen, kann sich der Verlauf der Richtcharakteristika dagegen abstandsabhängig verändern. Als Beispiel dafür sei die Schalldruckverteilung auf der Achse vor einer Kreismembran genannt. Wie man in Abb. 5 erkennt, treten zunächst im Nahbereich vor dem Strahler Schalldruck-Nullstellen (Druckknoten) auf, die durch Interferenz der Strahlerbezirke entstanden sind. Erst in größeren Entfernungen, im Fernfeld, fällt der Pegel monoton mit dem Abstand (wie erwähnt mit 6 dB pro Abstandsverdopplung). Im Nahfeld würden demnach Richtcharakteristika gemessen werden mit Einbrüchen (Knoten), die im Fernfeld gar nicht auftreten.

Eine weitere wichtige Eigenschaft des Fernfeldes besteht in der Tatsache, dass in ihm in jedem Punkt die radiale Schnellekomponente v_R aus einer Druckmessung bestimmt werden kann. Im Fernfeld gilt ähnlich wie in Gl. (8) $v_R = p/\varrho_0 c$.

Meist wird man eine feste Mess-Geometrie und damit den Abstand r so wählen, dass die geometrische Voraussetzung Gl. (36) erfüllt ist. Gl. (37) bildet dann eine Bedingung, die bei fallender Frequenz verletzt wird; diese Gleichung gibt also eine untere Frequenzgrenze für die Messung an. Gl. (38) hingegen wird bei wachsender Frequenz verletzt; sie gibt also eine obere Frequenzgrenze an.

Damit auch Quellen mit unbekannter Richtcharakteristik berücksichtigt werden können, zerlegt man zur Schallleistungsmessung nach dem Hüllflächen-Verfahren eine um die Quelle herum gelegte (gedachte) Hüllfläche in N „kleine" Teilflächen S_i. Auf jeder Teilfläche wird der Schalldruck-Effektivwert gemessen. Die abgestrahlte Schallleistung ergibt sich dann aus

$$\overline{P} = \sum_{i=1}^{N} \frac{{p_{\mathrm{eff},i}}^2}{\varrho_0 c} S_i . \tag{39}$$

Meist erfolgt die Zerlegung der Messfläche S in gleich große Teilflächen $S_i = S/N$. Mit Hilfe der oben genannten Beziehung zwischen den Bezugsgrößen $P_0 = \frac{p_0^2}{\varrho_0 c} 1\,\mathrm{m}^2$ gewinnt man dann die Gleichung

$$\frac{\overline{P}}{P_0} = \frac{S/1\,\mathrm{m}^2}{N} \sum_{i=1}^{N} \frac{{p_{\mathrm{eff},i}}^2}{p_0^2} . \tag{40}$$

Damit wird der Leistungspegel L_W der Quelle wie folgt aus den Teilflächen-Pegeln L_i berechnet:

$$L_W = 10 \lg \left[\frac{1}{N} \sum_{i=1}^{N} 10^{L_i/10} \right] + 10 \lg \left[S/\mathrm{m}^2 \right]. \tag{41}$$

Der erste Ausdruck auf der rechten Seite wird auch als ‚mittlerer Messflächen-Pegel' bezeichnet.

[2] In den Messnormen zur Schallleistung finden sich an die Genauigkeitsklasse angepasste Festlegungen zur Hüllfläche, die zum Teil geringere Anforderungen stellen.

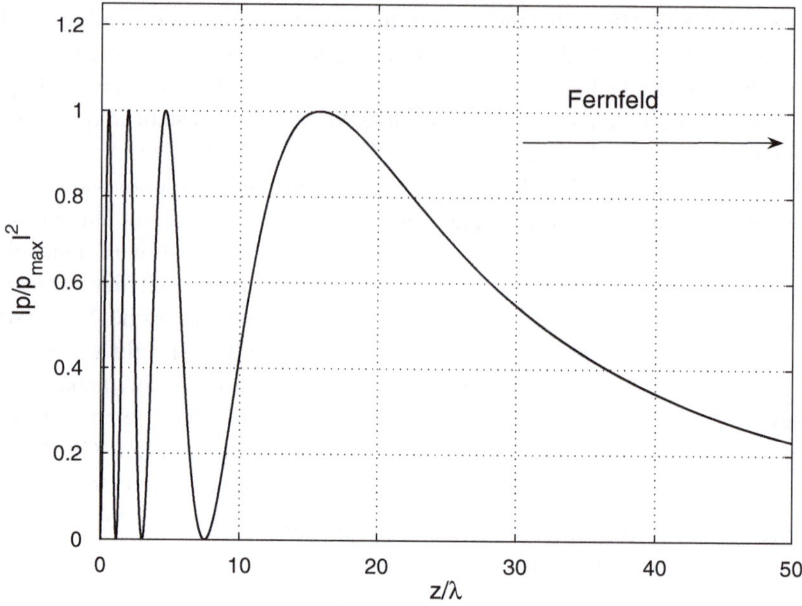

Abb. 5 Ortsverlauf des Schalldruckquadrates auf der Mittelachse (z-Achse) vor einer kreisförmigen Kolbenmembran mit dem Radius $b/\lambda = 4$

Korrekturfaktoren

Bei diesem Verfahren müssen unterschiedliche Korrekturfaktoren betrachtet werden. So lässt sich die Fremdgeräuschkorrektur K_1 aus der Differenz ΔL_p des auf der Hüllfläche gemessenen mittleren Schalldruckpegels beim Betrieb der Quelle $\overline{L'_{p(\mathrm{ST})}}$ und des Fremdgeräuschs ohne Quelle $\overline{L_{p(\mathrm{B})}}$ errechnen zu

$$K_1 = -10\lg\left(1 - 10^{-0,1\,\Delta L_p}\right)\,\mathrm{dB}. \qquad (42)$$

Bei Messungen in Räumen ist neben dem Direktfeld auch immer ein mehr oder weniger diffuses Schallfeld vorhanden. Die Größe, die diesen Raumeinfluss beschreibt, ist die Umgebungskorrektur K_2. Direktfeldmessungen der Genauigkeitsklassen 2 ($K_2 \leq 2\,\mathrm{dB}$) und 3 ($K_2 \leq 7\,\mathrm{dB}$) sind möglich, wenn der Raumeinfluss bestimmte Grenzen nicht überschreitet.

Idealerweise wird K_2 mit Hilfe einer kalibrierten Vergleichsschallquelle mit bekannter Schallleistung $L_{W(\mathrm{RSS})}$ ermittelt (Abb. 6). Diese wird an der Stelle des Prüfobjekts betrieben und die Schallleistung unter den Bedingungen der Messung L_W^* ermittelt. Aus der Differenz ergibt sich direkt die Umgebungskorrektur

$$K_2 = L_W^* - L_{W(\mathrm{RSS})}. \qquad (43)$$

Ungenauigkeiten werden sich ergeben, wenn das Prüfobjekt nicht entfernt werden kann. Unter diesen Voraussetzungen ist die Schallausbreitung für die Vergleichsschallquelle durch die Anwesenheit des Prüfobjekts behindert. Es bleibt der Erfahrung des Messingenieurs überlassen, die optimale Position für die Vergleichsschallquelle (neben oder auf dem Prüfobjekt) zu finden, bei der

Abb. 6 Bild einer Vergleichsschallquelle

mögliche Abschattungen und Beugungseffekte möglichst gering sind.

Steht keine Vergleichsschallquelle zur Verfügung, kann K_2 auch über die Absorption im Raum bestimmt werden. Dieses Verfahren liefert jedoch nur dann verlässliche Ergebnisse, wenn „der Raum näherungsweise Würfelform hat, im Wesentlichen leer ist und (...) der Schall von den Raumbegrenzungsflächen absorbiert wird.“ (Anhang A, DIN EN ISO 3744 [3]). Dies ist jedoch bei üblichen, eingerichteten Werkhallen i. d. R. nicht der Fall. Durch die ungleichmäßig verteilte Absorption, die Wirkung der diversen Einrichtungsgegenstände als Schallschirme und Streukörper sind die Gl. (44) zugrunde liegenden Voraussetzungen der statistischen Raumakustik verletzt. Auch bei Räumen mit im Vergleich zu den anderen Abmessungen niedriger Gebäudehöhe, sogenannten Flachräumen, ist dieses Verfahren prinzipiell nicht anwendbar.

Die Umgebungskorrektur ergibt sich aus der äquivalenten Absorptionsfläche des Raums A und der Größe der Hüllfläche S zu

$$K_2 = 10 \lg \left(1 + 4\frac{S}{A}\right) \text{ dB}. \qquad (44)$$

Die äquivalente Absorptionsfläche A kann durch Messungen der Nachhallzeit (vgl. Abschn. 1.4) oder rechnerisch über Annahmen zur Absorption der Raumbegrenzungsflächen ermittelt werden. Es leuchtet ein, dass insbesondere das zweite Verfahren nur Schätzwerte liefern kann und, wenn überhaupt, nur für Messungen der Genauigkeitsklasse 3 anwendbar ist.

Prüfwerte für die Schallleistung werden i. d. R. auf folgende meteorologische Bezugsbedingungen normiert:

a) Lufttemperatur: 23,0 °C,
b) statischer Luftdruck: 1013, 25 hPa,
c) relative Luftfeuchte: 50 %.

Abweichungen von diesen Bezugsbedingungen wirken sich auf

1. die Schallkennimpedanz der Luft und damit auf die Bezugsgrößen bei der Pegelberechnung (siehe Abschn. 2.2),
2. die Strahlungsimpedanz der Quelle und
3. die Luftabsorption (insbesondere bei hohen Frequenzen)

aus. Allerdings sind die Einflüsse auf den Schallleistungspegel gering und i. d. R. nur bei Präzisionsmessungen der Genauigkeitsklasse 1 zu berücksichtigen.

Wahl der Messfläche

In den einschlägigen Normen sind quaderförmige und kugel- bzw. halbkugelförmige Messflächen definiert. Es sind abhängig von der Genauigkeitsklasse, der Größe des Prüfobjekts und dem Charakter des abgestrahlten Geräuschs verschiedene Messpunktanordnungen vorgegeben. Dabei sind die Messpunkte jeweils so verteilt, dass Gl. (41) direkt anwendbar ist. Hat das Prüfobjekt eine deutliche Richtwirkung, z. B. durch eine im Vergleich zum Prüfobjekt kleine, akustisch auffällige Teilschallquelle, kann es erforderlich sein, zusätzliche Messpunkte in dem betreffenden Teil der Hüllfläche anzuordnen. Bei der Auswertung sind dann die unterschiedlichen Größen der Teilflächen entsprechend Gl. (39) zu berücksichtigen.

Quaderförmige Messflächen sind i. d. R. nur für „große“ Prüfobjekte (mit ungleichmäßig verteilten Teilschallquellen) zu empfehlen, wenn jeweils viele Messpunkte über jede Kantenlänge verteilt sind. Kugel- bzw. halbkugelförmige Messflächen sind insbesondere bei kleinen Prüfobjekten praktikabel, bei denen der Messflächenradius nicht größer als 1 bis 2 m ist.

Quaderförmige Messflächen können in einzelnen Frequenzbereichen ungenaue Prüfergebnisse liefern, da die Messpunkte regelmäßig auf den Teilflächen angeordnet sind. Dies hat zur Folge, dass die Messpunkte in horizontalen Ebenen mit jeweils gleichem Abstand zum Boden liegen. Für kleine, breitbandige Quellen (z. B. eine Vergleichsschallquelle) entstehen in Abhängigkeit von der Frequenz winkelabhängig destruktive Interferenzen zwischen der direkten Schallausbreitung und der Bodenreflexion. Entsprechend ist die quaderförmige Messfläche für Präzisionsmessungen nicht geeignet.

Normen Hüllflächen-Verfahren
Für die Mess-Durchführung sollte die einschlägige Normung beachtet werden:

- DIN EN ISO 3744 (2011): Bestimmung der Schallleistungs- und Schallenergiepegel von Geräuschquellen aus Schalldruckmessungen – Hüllflächenverfahren der Genauigkeitsklasse 2 für ein im Wesentlichen freies Schallfeld über einer reflektierenden Ebene [3]
- DIN EN ISO 3745 (2017): Bestimmung der Schallleistungs- und Schallenergiepegel von Geräuschquellen aus Schalldruckmessungen – Verfahren der Genauigkeitsklasse 1 für reflexionsarme Räume und Halbräume [4]
- DIN EN ISO 3746 (2011): Bestimmung der Schallleistungs- und Schalleinergiepegel von Geräuschquellen aus Schalldruckmessungen – Hüllflächenverfahren der Genauigkeitsklasse 3 über einer reflektierenden Ebene [5]

3.2 Hallraum-Verfahren

Die Messung der Schallleistung im Hallraum fußt auf einer einfachen Überlegung. Im eingeschwungenen Zustand, in welchem sich der Raumschallpegel nicht mehr zeitlich ändert, deckt die Leistungszufuhr P_w der im Raum vorhandenen Schallquelle gerade die Verlustleistung P_v. Auf Grund theoretischer Überlegungen lässt sich die Verlustleistung andererseits leicht aus dem Schalldruckquadrat (im örtlichen Mittel) und der äquivalenten Absorptionsfläche A des Raumes bestimmen. Nach [21] gilt für die Verlustleistung P_v und das mittlere Schalldruckquadrat $\overline{p_{\text{eff}}^2}$ im Raum der mit den Bezugsgrößen P_0 und p_0 dimensionslos gemachte Zusammenhang

$$\frac{P_v}{P_0} = \frac{\overline{p_{\text{eff}}^2}}{4 p_0^2} \frac{A}{\text{m}^2}. \tag{45}$$

Durch Logarithmieren geht die genannte Gleichung in das Pegelgesetz

$$L_W = L + 10 \lg A/\text{m}^2 - 6\,\text{dB} \tag{46}$$

über. Dabei stellt L_W den Leistungspegel der Quelle dar. Die äquivalente Absorptionsfläche A des Messraumes wird aus der Sabine-Formel Gl. (3) durch Messung der Nachhallzeit T bestimmt. Damit die Nachhallzeit möglichst mit einem kleinen relativen Fehler bestimmt werden kann, sind möglichst lange Nachhallzeiten im Messraum erforderlich. Hier bietet es sich an, die Messung in einem Hallraum durchzuführen. Unter L ist der mittlere Raum-Schalldruckpegel zu verstehen, der entweder durch Mittelung über mehrere, gleichmäßig im Raum verteilte Messpositionen

$$L = 10 \lg \left[\frac{1}{N} \sum_{i=1}^{N} 10^{L_i/10} \right] \tag{47}$$

(mind. $N = 6$ Mikrofone, L_i = gemessene Einzelpegel) oder durch ein bei der Messung langsam bewegtes Mikrofon ermittelt wird. Hier sei darauf hingewiesen, dass der Raumeinfluss auch mit Hilfe einer Vergleichsschallquelle analog zur Bestimmung des Raumeinflusses beim Hüllflächenverfahren ermittelt werden kann. Die Norm spricht hier vom Vergleichsverfahren im Unterschied zum sogenannten Direktverfahren nach Gl. (46).

Damit die benutzten Mikrofone den tatsächlichen Raum-Schalldruckpegel messen und nicht den Direktfeldpegel der Quellen, müssen die Messpunkte im diffusen Feld weit genug von der Quelle entfernt liegen. Der Abstand zwischen Messpunkt und Quelle muss mindestens so groß wie der sogenannte Hallradius

$$r_{\text{H}} = \frac{1}{7} \sqrt{A} \tag{48}$$

sein. Auch darf nicht in der unmittelbaren Nähe von Wänden oder in Raumecken gemessen werden.

Bei schmalbandigen Signalen können auch in Räumen stehende Wellen auftreten, die man auch als ‚Moden' bezeichnet. Wie im eindimensionalen Kontinuum zeichnen sie sich durch eine ausgeprägte örtliche Struktur mit Knoten und Bäuchen aus. Die für die Messung vorausgesetzte diffuse Schallfeld-Verteilung verlangt andererseits eine etwa ortsunabhängige, konstante Pegelverteilung im Messraum. Dazu ist das gleichzeitige Auftreten von ausreichend vielen Moden mit den unterschiedlichsten Lagen von Knoten und Bäuchen im Raum erforderlich. Für Messungen im diffusen Schallfeld müssen deshalb genügend Raum-Resonanzen gleichzeitig angeregt werden. Dies setzt Schallsignale mit ausreichender Signalbandbreite voraus. Dementsprechend können schmalbandige Quellen nicht mit dem Hallraum-Verfahren vermessen werden, ebenso verbietet sich die Messung mit Filtern kleiner Durchlass-Bandbreiten.

Eine rechnerische Abschätzung erhält man aus der in [21] abgeleiteten Beziehung

$$\Delta M = \frac{4\pi}{c}\left(\frac{f}{c}\right)^2 V\Delta f. \tag{49}$$

für die Anzahl ΔM der im Frequenzband Δf mit der Mittenfrequenz f enthaltenen Resonanzfrequenzen. Üblicherweise setzt man $\Delta M/\Delta f > 1/\mathrm{Hz}$ für die Hallraum-Messung voraus, dann enthält die Terz bei 200 Hz etwa 50 Resonanzen, die dafür erforderliche Raumgröße beträgt etwa $80\,\mathrm{m}^3$. Meist benutzt man etwas größere Hallräume mit $200\,\mathrm{m}^3$, die für Schallleistungsmessungen ab der 100 Hz Terz zugelassen sind. Anhang E der DIN EN ISO 3741 [2] gibt Hinweise, wie der nutzbare Frequenzbereich auf die Terzbänder 80, 63 und 50 Hz erweitert werden kann.

Korrekturfaktoren

Die DIN EN ISO 3741 [2] schreibt mehrere Korrekturfaktoren für die oben genannte Gl. (46) vor. Es gilt nach der in der DIN aufgeführten Gl. (20)

$$\begin{aligned} L_W = L &+ 10\lg\frac{A}{A_0} + 4{,}34\frac{A}{S} \\ &+ 10\lg\left(1+\frac{Sc}{8Vf}\right) + C_1 + C_2 - 6\,\mathrm{dB} \end{aligned} \tag{50}$$

mit $A_0 = 1\,m^2$, S als die Raumoberfläche, f der Frequenz und c der Schallgeschwindigkeit. Darin sind C_1 und C_2 Konstante, die meteorologische Einflüsse berücksichtigen. Der Faktor $4{,}34A/S$ beruht auf Überlegungen von Vorländer [25] mit dem Ziel, den von der Schallquelle unmittelbar hervorgebrachten Direktanteil aus der Energiedichte im Raum zu eliminieren. Die sogenannte ‚Waterhouse-Korrektur' $10\lg(1 + Sc/8Vf)$ berücksichtigt die einfache Tatsache, dass an den Begrenzungsflächen, in den Kanten und in den Raum-Ecken ein um 3, 6 und 9 dB höherer Pegel vorliegt als im ‚freien' Diffusfeld (siehe [26,27]). Die Waterhouse-Korrektur erhält man z. B. auch wenn man vereinfachend annimmt, dass in einer Schichtdicke einer Achtel-Wellenlänge vor den Raumbegrenzungsflächen die Energiedichte gerade den doppelten Wert gegenüber dem freien Diffusfeld besitzt.

Normen Hallraumverfahren

Die Einzelheiten der Messung sind der Normung zu entnehmen:

- DIN EN ISO 3741 (2011): Bestimmung der Schallleistungs- und Schallenergiepegel von Geräuschquellen aus Schalldruckmessungen – Hallraumverfahren der Genauigkeitsklasse 1 [2]
- DIN EN ISO 3747 (2011): Bestimmung der Schallleistungs- und Schallenergiepegel von Geräuschquellen aus Schalldruckmessungen – Verfahren der Genauigkeitsklassen 2 und 3 zur Anwendung in situ in einer halligen Umgebung [6]

4 Schallintensitätsverfahren

Die direkte Messung der Intensität von Schallquellen bietet einige Vorteile, auf die hier zunächst eingegangen werden soll.

Wird die Schallleistung durch Überstreichen einer um die Quelle gelegten Hüllfläche mit der Messsonde oder – ähnlich wie beim Hüllflächen-Verfahren – durch Messungen in einer Vielzahl von Messpunkten auf der Hüllfläche bestimmt, dann kann dies auch in Gegenwart einer fremden, außerhalb der Hüllfläche liegenden Quelle geschehen, ohne dass letztere die Messung stört. Der Leistungsfluss der fremden Quelle ergibt in der Summe keinen Beitrag zur gemessenen Leistung, denn die durch Teile der Hüllfläche eindringende Leistung fließt aus anderen Teilen der Hülle auch wieder hinaus. In der Nettobilanz tritt deshalb nur die Leistung der von der Hüllfläche eingeschlossenen Quelle(n) in Erscheinung.

Weil Reflexionen an den Begrenzungsflächen von Räumen ebenfalls ‚fremden' (Spiegel-) Quellen zugeordnet werden können, kann aus dem gleichen Grund auf die Verwendung spezieller Messräume im Prinzip verzichtet werden. Auch die von den Raum-Begrenzungsflächen zurückgeworfenen Schallanteile liefern keinen Beitrag zum Leistungsfluss durch die Hüllfläche, die die zu untersuchende Quelle umschließt.

Ein erheblicher Vorteil der Intensitäts-Messung gegenüber den beiden anderen geschilderten Messverfahren besteht darin, dass kein besonderer Messraum nötig ist. Nicht alle technischen Schallquellen können demontiert und in einem Messraum wieder aufgestellt werden, das ist manchmal entweder unmöglich oder wäre viel zu aufwendig, selbst wenn eine solcher Raum vorhanden ist. Allerdings zeigen die folgenden Betrachtungen von Messfehlern, dass sich hallige Räume mit gut reflektierenden Wänden für die Intensitäts-Messung schlecht eignen, weil die dann auftretenden Fehler vergleichsweise groß sind.

Darüber hinaus dient die Intensitätsmesstechnik nicht nur zur vom Messraum weitgehend unabhängigen Bestimmung der Leistung einer Quelle. Der örtlich kartografierte Intensitäts-Fluss lässt Rückschlüsse auf die Lage der akustischen Teil-Quellen und ihrer Beteiligung an der Gesamtleistung jedenfalls bei breitbandigen Geräuschen zu. Bei schmalbandigem oder monofrequentem Schall zusammengesetzter (kohärenter) Quellen treten auch in der Intensitäts-Verteilung die im Schallfeld enthaltenen Interferenzmuster zu Tage. Die Abb. 7 und 8 zeigen z. B. die Intensitätspegel von zwei gegenphasigen Quellen (Dipol-ähnliche Gesamtquelle) bei kleinem und bei größerem Verhältnis aus Quellabstand und Wellenlänge h/λ.

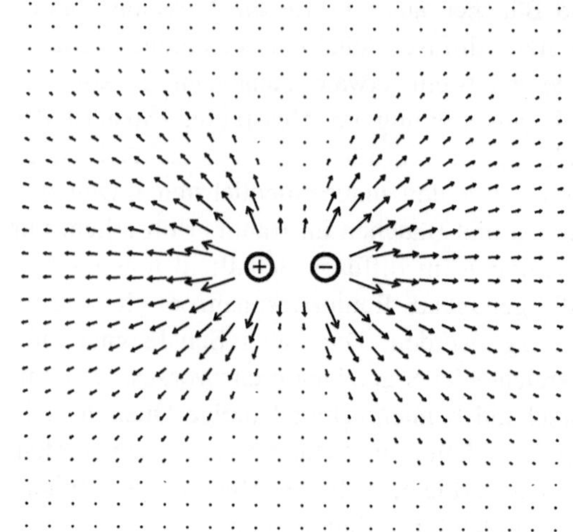

Abb. 7 Intensität zweier gegenphasiger Quellen im Abstand $h = \lambda/2$. Die Vektorlänge gibt den Intensitätspegel an, der dargestellte Pegelbereich umfasst 25 dB

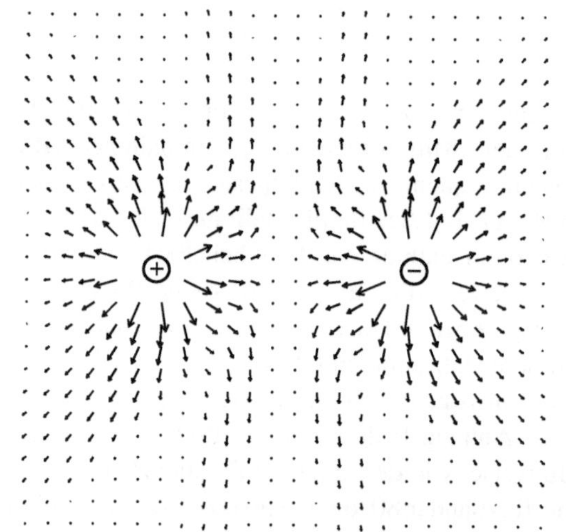

Abb. 8 Intensität zweier gegenphasiger Quellen im Abstand $h = 2\lambda$. Die Vektorlänge gibt den Intensitätspegel an, der dargestellte Pegelbereich umfasst 25 dB

Auch für den Fortleitungsprozess von Schall kann die Intensitäts-Verteilung z. B. in der Nähe von akustisch behandelten Oberflächen einen wichtigen Aufschluss geben. In den Abb. 9 und 10 ist z. B. die Intensität des an einem zylindrischen Körper vorbeilaufenden Schallfeldes dargestellt. Bei Abb. 9 ist die

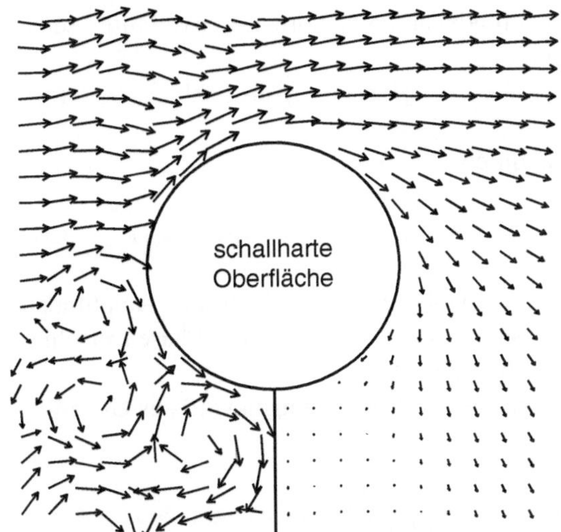

Abb. 9 Ortsverlauf der Schallintensität bei einem schallharten Zylinder, der auf einen gestreckten Reflektor aufgesetzt wurde. Schalleinfall von links. Der Zylinderdurchmesser beträgt eine Wellenlänge. Die Vektorlänge gibt den Intensitätspegel an, der dargestellte Pegelbereich umfasst 25 dB

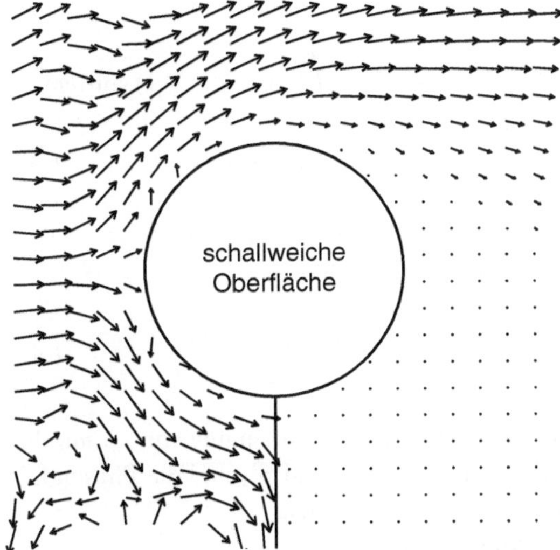

Abb. 10 Ortsverlauf der Schallintensität bei einem schallweichen Zylinder, der auf einen gestreckten Reflektor aufgesetzt wurde. Schalleinfall von links. Der Zylinderdurchmesser beträgt eine Wellenlänge. Die Vektorlänge gibt den Intensitätspegel an, der dargestellte Pegelbereich umfasst 25 dB

Körperoberfläche schallhart (Normalkomponente der Schallschnelle = 0), bei Abb. 10 schallweich (Schalldruck = 0). Wie man sieht hat der Unterschied in der Oberflächenbeschaffenheit eine erhebliche Wirkung auf die tangentiale Intensitäts-Verteilung und damit auf das Beugungsfeld hinter dem Hindernis (näheres dazu siehe [20]).

4.1 Theoretische Betrachtungen

Die direkte Messung der Schallintensität setzt nach Gl. (12) die Bestimmung der Schallschnelle voraus. Der zuerst von Fahy in [15] vorgeschlagene Grundgedanke des Intensitäts-Messverfahrens besteht deshalb darin, den zur Schnelle-Messung erforderlichen Druckgradienten durch die Druckdifferenz zwischen zwei Mikrofonorten abzuschätzen. Statt der wahren Schnelle

$$\varrho_0 \frac{\partial v}{\partial t} = -\frac{\partial p}{\partial x}, \tag{28}$$

wird also die gemessene Schnelle

$$\varrho_0 \frac{\partial v_{\mathrm{M}}}{\partial t} = \frac{p(x) - p(x + \Delta x)}{\Delta x} \tag{51}$$

zur Bestimmung der Intensität benutzt. Dabei bezeichnen x und $x + \Delta x$ die Orte, in denen die beiden bei der Intensitäts-Messtechnik verwendeten Druckempfänger angebracht sind.

Wie schon erwähnt sind Leistungsmessungen vor allem für stationär betriebene („dauernd laufende") Quellen sinnvoll, davon wird im Folgenden ausgegangen. Für solche Schalle kann das sich auf (51) stützende Intensitäts-Messverfahren entweder direkt auf den zeitlichen Mittelwert der lokalen Intensität abzielen (die dazu erforderlichen Signale können dabei auch z. B. A-gefiltert sein), oder es kann die spektrale Zusammensetzung aus Frequenzbestandteilen im Vordergrund des Interesses stehen. Im Folgenden wird sowohl auf die Ermittlung der Intensität im Zeitbereich als auch im Frequenzbereich eingegangen.

Bestimmung der Intensität im Zeitbereich
Zur Bestimmung der Intensität müssen nach Gl. (12) die Zeitverläufe von Druck und Schnelle bekannt sein. Zur Berechnung der Schnelle kann nach Gl. (51) die Druckdifferenz ausgenutzt

werden. Diese muss mithilfe eines analogen Netzwerks oder mit einem digitalen Integrator zeitlich integriert werden

$$v_{\mathrm{M}}(t) = \frac{1}{\Delta x \varrho_0} \int [p(x) - p(x + \Delta x)] \, \mathrm{d}t. \tag{52}$$

Da man nun über zwei Messsignale für den Druck verfügt, die an zwei nah benachbarten Orten gewonnen worden sind, verwendet man für den Druck den Mittelwert der beiden Signale

$$p_{\mathrm{M}}(t) = \frac{1}{2} [p(x) + p(x + \Delta x)] . \tag{53}$$

Damit ist

$$\begin{aligned} I_M(t) &= p_{\mathrm{M}}(t) v_{\mathrm{M}}(t) \\ &= \frac{1}{2\varrho_0 \Delta x} [p(x) + p(x + \Delta x)] \\ &\quad \int [p(x) - p(x + \Delta x)] \, \mathrm{d}t. \end{aligned} \tag{54}$$

Der zeitliche Mittelwert ergibt sich zu

$$\begin{aligned} \overline{I}_M = \frac{1}{2\varrho_0 \Delta x T} \int_0^T &\{[p(x) + p(x + \Delta x)] \\ &\int [p(x) - p(x + \Delta x)] \, \mathrm{d}t\} \, \mathrm{d}t, \end{aligned} \tag{55}$$

worin T die Mittelungszeit bedeutet.

Bestimmung der Intensität im Frequenzbereich

Harmonische Zeitverläufe
Als einfachster Fall wird eine Schallquelle betrachtet, die ein zeitlich sinusförmiges Signal aussendet. Es ist also nur eine einzige Frequenz im Signal enthalten. Wegen Linearität und Zeitinvarianz der Schallabstrahlung bestehen dann alle Messsignale für Druck und Schnelle an beliebigen Orten ebenfalls in reinen Tönen gleicher Frequenz, die aber alle unterschiedliche Amplituden und Phasen aufweisen können. Ohne Einschränkung der Allgemeinheit wird deshalb angenommen, die in den Messorten x und $x + \Delta x$ vorgefundenen Schalldruck-Zeitverläufe seien durch

$$p(x, t) = \hat{p} \cos(\omega t) \tag{56}$$

und durch

$$p(x + \Delta x, t) = \hat{p}_\Delta \cos(\omega t - \phi_\Delta) \tag{57}$$

gegeben, wobei $\hat{p}$ und $\hat{p}_\Delta$ die beiden Amplituden der beiden Signale und ϕ_Δ ihre Phasenverschiebung bezeichnet.

Mit diesen Bezeichnungen wird aus Gl. (55)

$$\begin{aligned} \overline{I}_M = \frac{1}{2\varrho_0 \Delta x T \omega} \int_0^T &[\hat{p} \cos(\omega t) + \hat{p}_\Delta \cos(\omega t - \phi_\Delta)] \\ &\times [\hat{p} \sin(\omega t) - \hat{p}_\Delta \sin(\omega t - \phi_\Delta)] \, \mathrm{d}t \end{aligned} \tag{58}$$

Die Integrale, bei denen Sinus-Funktion und Kosinus-Funktionen vom jeweils gleichen Argument auftreten, sind alle gleich Null. Es verbleibt daher

$$\begin{aligned} \overline{I}_M = \frac{\hat{p} \hat{p}_\Delta}{2\varrho_0 \Delta x T \omega} \int_0^T &[\cos(\omega t - \phi_\Delta) \sin(\omega t) \\ &- \sin(\omega t - \phi_\Delta) \cos(\omega t)] \, \mathrm{d}t. \end{aligned} \tag{59}$$

Mit Hilfe von $\cos(\beta)\sin(\alpha) - \sin(\beta)\cos(\alpha) = \sin(\alpha - \beta)$ wird daraus

$$\overline{I}_M = \frac{\hat{p} \, \hat{p}_\Delta \sin(\phi_\Delta)}{2\varrho_0 \Delta x \, \omega} . \tag{60}$$

Man benötigt also zur Berechnung von I_M nur die beiden Amplituden $\hat{p}$ und $\hat{p}_\Delta$ und die Phasendifferenz ϕ_Δ zwischen ihnen.
Beliebige Zeitverläufe
Eine recht ähnliche Betrachtung kann man auch für Signale mit beliebigen Frequenzbestandteilen durchführen. Zunächst ist für die Beschreibung des Verfahrens ‚im Frequenzbereich' naturgemäß eine Zerlegung der Signale in diese Frequenzbestandteile erforderlich. Dabei geht man üblicherweise von periodischen Vorgängen aus.

Schon weil Intensitätsmessungen ausschließlich für stationär betriebene Quellen sinnvoll sind, ist die Annahme vernünftig, dass sich die Signale auch außerhalb eines gewissen Beobachtungs-Intervalles $0 < t < T$ ‚ähnlich' verhalten wie innerhalb. Am einfachsten drückt man diese Erwartung aus, indem man von Signalen ausgeht, die sich mit der Beobachtungszeit T periodisch wiederholen, für die also $f(t+T) = f(t)$ gilt. Dabei muss die Dauer T nicht etwa mit einer tatsächlichen physikalischen Periode (z. B. der Umdrehung eines laufenden Motors) übereinstimmen, im Gegenteil bedeutet T eine vom Anwender (mehr oder weniger) willkürlich gewählte Messzeit. Dass mit dieser mathematisch ‚strengen' Periodisierung dennoch kein nennenswerter Fehler einhergehen kann, leuchtet für stationäre Signale unmittelbar ein. Lokale Intensität und global abgegebene Leistung können kaum davon abhängen, welches Zeitstück der Dauer T aus dem langdauernden stationären Signal herausgegriffen wird. Außerdem kann man natürlich noch über mehrere Stichproben der Länge T mitteln.

Üblicherweise benutzt man deshalb für die Frequenzzerlegung sogenannte ‚Amplitudenspektren', die normalerweise von FFT-Analysatoren (oder entsprechenden Computerprogrammen) aus den Signal-Zeitverläufen errechnet werden. Ein Signal $f(t)$ wird dabei durch seine sogenannte Fourier-Reihe

$$f(t) = \sum_{n=1}^{N} F_n \cos(2\pi n t/T - \varphi_n) = \sum_{n=1}^{N} F_n \cos(n\omega_1 t - \varphi_n) \tag{61}$$

($\omega_1 = 2\pi/T$) dargestellt. Wie man sieht bildet F_n die zur Frequenz $f_n = n/T$ gehörende Amplitude und φ_n die Phase. Diese beiden Größen können mit Hilfe von

$$F_n \cos(\varphi_n) = \frac{2}{T} \int_0^T f(t) \cos(n\omega_1 t)\, \mathrm{d}t \tag{62}$$

und von

$$F_n \sin(\varphi_n) = \frac{2}{T} \int_0^T f(t) \sin(n\omega_1 t)\, \mathrm{d}t \tag{63}$$

aus dem Signal bestimmt werden. Weil in der Akustik Gleichanteile (von Feldgrößen wie Druck oder Schnelle) nicht vorkommen, ist bereits von $F_0 = 0$ ausgegangen worden. Auch sind bandbegrenzte Signale (bzw. Signale nach passieren eines Anti-Aliasing-Filters) vorausgesetzt worden (Aspekte der digitalen Signalverarbeitung siehe z. B. [24]).

An den Messorten x und $x + \Delta x$ können die Signale durch ihre Reihendarstellung

$$p(x,t) = \sum_{n=1}^{N} \hat{p}_n \cos(n\omega_1 t - \varphi_n) \tag{64}$$

und

$$p(x+\Delta x, t) = \sum_{n=1}^{N} \hat{p}_{\Delta,n} \cos(n\omega_1 t - \varphi_{\Delta,n}) \tag{65}$$

ausgedrückt werden. Dabei sind die Amplituden $\hat{p}_n$ und $\hat{p}_{\Delta,n}$ sowie die Phasen φ_n und $\varphi_{\Delta,n}$ an den Messpositionen vom Analysator ermittelt. Aus Gl. (55) zur Bestimmung der gemessenen Intensität wird dann

$$\overline{I}_M = \frac{1}{2\varrho_0 \Delta x T} \int_0^T \sum_{n=1}^{N} \left[\hat{p}_n \cos(n\omega_1 t - \varphi_n) + \hat{p}_{\Delta,n} \cos(n\omega_1 t - \varphi_{\Delta,n})\right] \cdot \sum_{m=1}^{N} \frac{1}{m\omega_1} \left[\hat{p}_m \sin(m\omega_1 t - \varphi_m) - \hat{p}_{\Delta,m} \sin(m\omega_1 t - \varphi_{\Delta,m})\right] \mathrm{d}t. \tag{66}$$

Alle Teilintegrale mit unterschiedlichen Ordnungszahlen n und m (und deshalb mit unterschiedlichen Frequenzen) sind gleich Null, es bleiben deswegen nur die ‚Diagonalelemente' mit gleichen Frequenzen übrig, d. h., es gilt

$$\overline{I}_M = \frac{1}{2\varrho_0 \Delta x T} \int\limits_0^T \sum_{n=1}^{N} \big[\hat{p}_n \cos(n\omega_1 t - \varphi_n) + \hat{p}_{\Delta,n} \cos(n\omega_1 t - \varphi_{\Delta,n}) \big] \cdot \frac{1}{n\omega_1} \big[\hat{p}_n \sin(n\omega_1 t - \varphi_n) - \hat{p}_{\Delta,n} \sin(n\omega_1 t - \varphi_{\Delta,n}) \big] \, \mathrm{d}t. \quad (67)$$

Die verbleibenden Integrale sind sehr leicht behandelbar (die Teilintegrale mit den Koeffizienten $\hat{p}_n^2$ und $\hat{p}_{\Delta,n}^2$ sind gleich Null, dann wird nur noch $\sin\alpha\cos\beta - \cos\alpha\sin\beta = \sin(\alpha - \beta)$ angewandt), man erhält so

$$\overline{I}_M = \frac{1}{2\varrho_0 \Delta x} \sum_{n=1}^{N} \frac{1}{n\omega_1} \hat{p}_n \hat{p}_{\Delta,n} \sin(\varphi_{\Delta,n} - \varphi_n) \quad (68)$$

Wie man durch Vergleich von Gl. (68) mit der für eine einzige Frequenz geltenden Gl. (60) sieht, kann letztere ohne weiteres auf den allgemeineren Fall mit vielen Frequenzbestandteilen übertragen werden. Es wird dann nur die Intensität ‚pro Frequenz' $\overline{I}_M(n)$ mit

$$\overline{I}_M(n) = \frac{1}{2\varrho_0 \Delta x} \frac{1}{n\omega_1} \hat{p}_n \hat{p}_{\Delta,n} \sin(\varphi_{\Delta,n} - \varphi_n) \quad (69)$$

gebildet, die im gesamten Messfrequenzband enthaltene Intensität ergibt sich einfach aus der Frequenzsumme zu

$$\overline{I}_M = \sum_{n=1}^{N} \overline{I}_M(n). \quad (70)$$

Eine ähnliche Herleitung der Intensität für beliebige Zeitverläufe ist in [21] gegeben. Die Schalldruckverläufe an den beiden Messpositionen werden durch komplexe Fourier-Reihen beschrieben. Dadurch lässt sich die Intensität aus dem Imaginärteil der spektralen Kreuzleistung bestimmen zu

$$\overline{I} = \frac{1}{\varrho \Delta x} \sum_{n=-\infty}^{\infty} \frac{1}{n\omega_0} \mathrm{Im}\left\{ \hat{p}_n \hat{p}_{\Delta,n}^* \right\}. \quad (71)$$

Es ist zu beachten, dass für die Amplituden $\hat{p}_n$ und $\hat{p}_{\Delta,n}$ in Gl. (71) die komplexen Größen einzusetzen sind. Schreibt man die spektrale Kreuzleistung als $G_{12} = \hat{p}_n \hat{p}_{\Delta,n}^*$, kann die Wirkintensität für eine Frequenz f auch geschrieben werden als

$$I(f) = -\frac{1}{2\pi f \varrho \Delta x} \mathrm{Im}\left\{ G_{12}(f) \right\}. \quad (72)$$

4.2 Messgeräte

Wie oben erwähnt müssen für die direkte Bestimmung der Intensität die Schalldrücke an zwei unterschiedlichen Orten x und $x + \Delta x$ bestimmt bzw. gemessen werden. Dafür werden sogenannte Intensitätsmesssonden benutzt, die aus zwei Mikrofonen mit definiertem Abstand bestehen. Die beiden Mikrofone sollen dabei möglichst gleich sein und möglichst geringe Toleranzen gegeneinander aufweisen. Meist stehen die Mikrofone nicht parallel nebeneinander sondern ‚zeigen sich gegenseitig' die Membranflächen (siehe auch Abb. 11). Sie sind durch einen Abstandshalter getrennt, so dass Δx genau bekannt ist. Weil auch die Phasentoleranzen möglichst klein sein müssen (ihre Bedeutung wird im Abschnitt über Messfehler und Grenzen des Verfahrens erläutert), kommen nur hochwertige Kondensatormikrofone für die Verwendung in Frage.

Die Richtung des Abstandes Δx zwischen den beiden Messpositionen muss dabei keineswegs mit der tatsächlichen (oder vermeintlichen) Richtung der Schallausbreitung übereinstimmen; mit den nachfolgend näher beschriebenen Verfahren wird stets diejenige vektorielle Intensitäts-Komponente bestimmt, deren Richtung in die durch die beiden Messorte hindurchlaufende Achse zählt. Schließen die Richtung der Intensitätsmesssonde und die Ausbreitungsrichtung der Welle (in welche die wahre Intensität stets zeigt) einen Winkel ϑ ein, dann ergibt sich die in Richtung der Messsonde gezählte Intensität $\overline{I}(\vartheta)$ aus

$$\overline{I}(\vartheta) = \overline{I}(0°) \cos\vartheta, \quad (73)$$

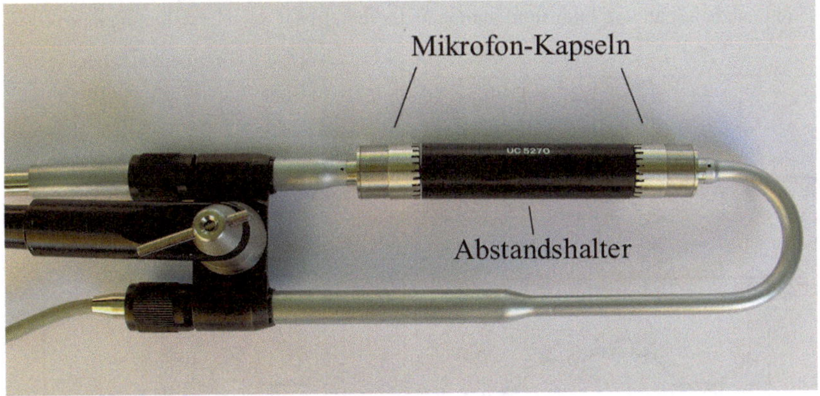

Abb. 11 Intensitätsmesssonde

wobei $\overline{I}(0°)$ die Intensität in Ausbreitungsrichtung der Welle darstellt. Die daraus folgende Pegeldifferenz $\Delta L(\vartheta) = 10\lg\left(\overline{I}(\theta)/I(0°)\right) = 10\lg(\cos\vartheta)$ ist in Abb. 12 als Richtcharakteristik über ϑ gezeigt.

Neben den sogenannten p-p Sonden, bei denen der Druck an zwei definierten Stellen gemessen wird, werden von einzelnen Herstellern auch p-u Sonden angeboten, bei denen die Schnelle mit einem Hitzdraht bestimmt wird. Um die Schnelle als vektorielle Größe zu ermitteln, werden dabei zwei nebeneinander liegende Hitzdrähte eingesetzt. Die Richtungsabhängigkeit wird aus der Phasendifferenz errechnet. Die Umrechnungen erfolgen dabei i. d. R. in einem vom Hersteller mitgeliefertem Zusatzgerät, das auf die jeweilige Sonde abgestimmt ist. Die verwendeten Hitzdrähte müssen ausreichend dünn sein, um die Luftbewegungen über einen sinnvoll nutzbaren Frequenzbereich erfassen zu können.

In Tab. 3 sind typische, nutzbare Frequenzbereiche für verschiedene Konfigurationen von p-p und p-u Sonden angegeben. In Abb. 13 ist das Beispiel einer Schallleistungsmessung mit einer p-p Sonde mit zwei verschiedenen Abstandsstücken dargestellt. Man erkennt, dass mit 12mm Abstand bereits ab der 100 Hz Terz verlässliche Ergebnisse erzielt werden konnten. Dies konnte bei Schalldämmmessungen im Prüfstand bestätigt werden. Bei nicht zu kleinen und nicht zu halligen Räumen kann man i. d. R. für Messungen im Frequenzbereich von 100 Hz bis 5 kHz auf einen zweiten Messdurchlauf mit 50 mm Distanzstück verzichten. Für den nach unten erweiterten Frequenzbereich (50, 63, 80 Hz), ist jedoch ein Messdurchlauf mit 50 mm Distanzstück zwingend erforderlich.

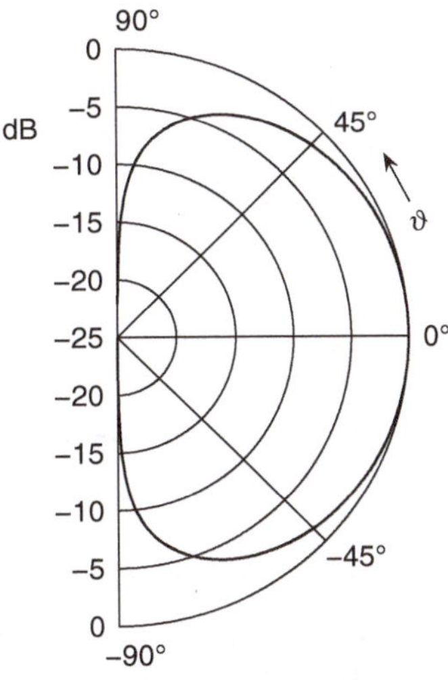

Abb. 12 Intensitäts-Pegeldifferenz $\Delta L(\vartheta) = 10\lg\left(\overline{I}(\theta)/I(0°)\right) = 10\lg(\cos\vartheta)$ die sich ergibt, wenn die Richtungen von Wellenausbreitung und von Intensitätsmesssonde den Winkel ϑ einschließen

4.3 Messverfahren

Das prinzipielle Verfahren besteht darin, die Intensität auf Teilflächen zu messen und mit der jeweiligen Flächengröße zu multiplizieren, um dann die Schallleistung zu erhalten. Die Messung der Intensität kann dabei entweder an diskreten

Tab. 3 Typische Frequenzbereiche von Intensitätssonden in Terzbändern. (Aus Herstellerangaben)

Sonde		Frequenzbereich
p-p Sonde:	1/2″ Mikrofone, 50 mm Distanzstück	50 Hz – 1,25 kHz
	1/2″ Mikrofone, 12 mm Distanzstück	200 Hz – 5 kHz
	1/4″ Mikrofone, 6 mm Distanzstück	1 kHz – 10 kHz
p-u Sonde		63 Hz – 6,3 kHz

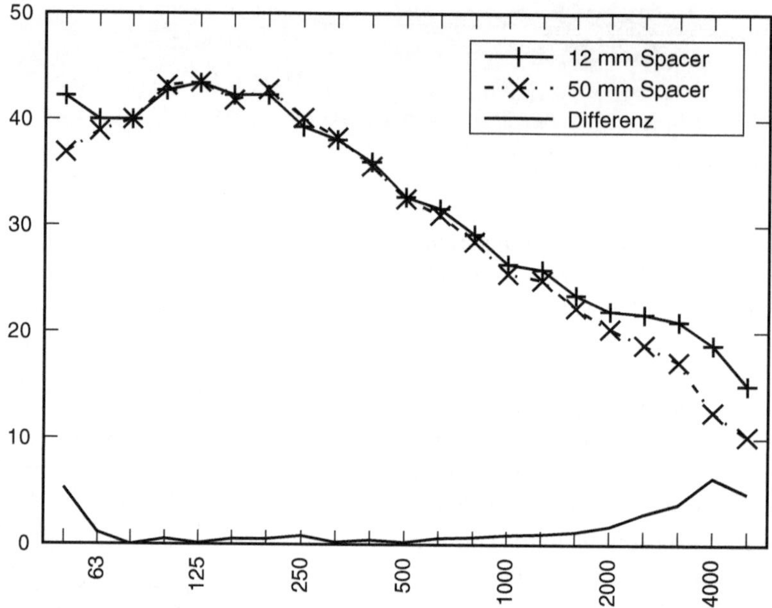

Abb. 13 Beispiel einer Intensitätsmessung mit einer p-p Sonde und zwei verschiedenen Distanzstücken

Punkten auf der Hüllfläche (mind. 10 Punkte gesamt, je Quadratmeter mind. ein Punkt, Genauigkeitsklasse 1, 2 oder 3), siehe [9], durch das Abtasten und Abfahren von Pfaden und Segmenten auf der Hüllfläche (Genauigkeitsklasse 1), siehe [11], oder durch das kontinuierliche Überstreichen der Hüllfläche (Genauigkeitsklasse 2 oder 3), siehe [10], erfolgen. Damit dies genau erfolgen kann und die Abstände genau eingehalten werden können, kann es sinnvoll sein, ein Messgitter aus Draht oder gespannten Schnüren um die Quelle zu legen.

Die sogenannten Scanning-Verfahren ermöglichen prinzipiell eine hohe Genauigkeit der Messung, da die Hüllfläche detailiert abgetastet werden kann. Eine hohe Genauigkeit wird jedoch nur erreicht, wenn die Sonde gleichmäßig, über die gesamte Fläche im gleichen Abstand zur Quelle und mit konstanter Geschwindigkeit geführt wird. Das manuelle Überstreichen bedarf einiges an Übung, um in allen interessierenden Frequenzbändern reproduzierbare Ergebnisse zu erhalten. Um dies sicherzustellen sind für jede Teilfläche zwei Messdurchgänge mit um 90° gedrehten Messpfaden durchzuführen und terzweise miteinander zu vergleichen. Als günstig hat es sich erwiesen, wenn das Messgerät vom Messdurchführenden während des Scanning Verfahrens „blind“ bedient werden kann, damit er oder sie sich vollständig auf das Überstreichen der Teilfläche konzentrieren kann. Auch eine Pausentaste, um einzelne Unterbrechungen der Messfläche durch Leitungen, Halterungen etc. umgehen zu können, ist hilfreich.

Bei allen Verfahren gilt, dass sie auch bei auftretenden, stationären Fremdgeräuschen anwendbar sind. In Zeitabschnitten mit instationären Fremdgeräuschen kann prinzipiell nicht gemessen werden. In den Normen sind je nach Messverfahren verschiedene Feldindikatoren festgelegt, mit denen die Eignung der Messgeräte und der gewählten Messparameter (Messfläche, Abstand, Mikrofonpositionen oder Scanningpfade, etc.) zu prüfen ist. Eine vergleichende Übersicht findet sich in Anhang I der DIN EN ISO 9614 Teil 3 [11].

Kalibrieren

Für Intensitätssonden ist kein allgemein anerkanntes Verfahren zur Eichung oder Rückführung definiert. In den Messnormen sind jedoch Verfahren zur Kalibrierung und Prüfung am Einsatzort festgelegt. Dabei ist jährlich nachzuweisen, dass das Messgerät inklusive Sonde den Anforderungen der DIN EN 61043 [13] entspricht. Hierzu wird u. a. der Druck-Restintensitätsabstand $\delta_{pI_0} = L_p - L_I$ in einem Schallfeld ohne Intensität ermittelt und mit Mindestanforderungen verglichen. Damit wird die Phasenkonstanz der Messeinrichtung geprüft.

Am Einsatzort ist die „vom Hersteller festgelegte Vor-Ort-Prüfung vorzunehmen" (z. B. [11]). Ist keine Prüfung festgelegt, sind die beiden Mikrofone vor der Messung mit einem Mikrofonkalibrator auf einen Referenzpegel zu kalibrieren. Anschließend ist ein Intensitätstest durchzuführen. Dabei wird die Sonde in einen Bereich mit hoher Intensität gehalten. Die gemessene Intensität wird mit der Intensität bei um 180° gedrehter Sonde verglichen. Das Vorzeichen im Terzband mit der höchsten Intensität muss wechseln und die Intensitäten in allen Terzbändern dürfen sich betragsmäßig um nicht mehr als 1 dB, Genauigkeitsklasse 1, bzw. 1,5 dB, Genauigkeitsklassen 2 und 3, unterscheiden.

Die genannten Prüfverfahren sind bei p-u Sonden nicht vollständig anwendbar. Das Mikrofon ist i. d. R. fest verbaut und nicht für eine Kalibrierung zugänglich. Die Berechnung der Schnelle erfolgt in einer geschlossenen Box, die auf die einzelne Sonde abgestimmt ist und regelmäßig beim Hersteller kalibriert werden sollte.

Prinzipiell werden p-u Sonden durch vergleichende Messungen mit einem Referenzmikrofon in einem ebenen Schallfeld, bevorzugt im Reflexionsarmen Raum, kalibriert. Dabei wird die Schnelle über die Schallkennimpedanz in Luft

$$Z = \frac{\hat{p}}{\hat{v}} = \rho c \tag{74}$$

aus dem Schalldruck berechnet. Ein Reflexionsarmer Raum steht meist jedoch nicht zur Verfügung. Dem „einfachen"Anwender bleibt nur der beschriebene Intensitätstest durch Drehen der Sonde im Schallfeld und sich auf die Herstellerkalibrierung zu verlassen.

4.4 Messfehler und Grenzen des Verfahrens

Hochfrequenter Fehler

Das augenfälligste und sofort einleuchtende Problem bei der Intensitäts-Messung besteht darin, dass die Differenzenbildung an Stelle der Differentiation nur bei großen Wellenlängen und entsprechend tiefen Frequenzen eine richtige Schätzung abgeben kann. Nur für den Fall, bei dem der Abstand der beiden Messorte Δx viel kleiner ist als die akustische Wellenlänge λ, kann die Druckdifferenz eine vernünftige Schätzung für die Ableitung bilden.

Eine einfache Modellannahme eines Schallfeldes in Form einer monofrequenten, fortschreitenden Welle zeigt die Größe des auftretenden Fehlers. Dazu wird die sich in x-Richtung ausbreitende Welle

$$p(x,t) = \hat{p}\cos(\omega t - kx)$$

als Feld angenommen. Die zu diesem Feld gehörende wahre Intensität I beträgt nach Gl. (26)

$$\overline{I} = \frac{1}{2}\frac{\hat{p}^2}{\varrho_0 c}$$

Die nach Gl. (60) gemessene Intensität dagegen ergibt sich aus der Phasendifferenz $\phi_\Delta = k\Delta x$ und den Amplituden der Schalldrucksignale zu

$$\overline{I}_M = \frac{\hat{p}^2}{2\varrho_0 \Delta x \omega} \sin k\Delta x.$$

Demnach ist

$$\begin{aligned}\frac{\overline{I}_M}{\overline{I}} &= \frac{\varrho_0 c}{\varrho_0 \Delta x \omega} \sin k\Delta x = \frac{\sin k\Delta x}{k\Delta x} \\ &= \frac{\sin 2\pi \Delta x/\lambda}{2\pi \Delta x/\lambda}. \end{aligned} \tag{75}$$

Dabei wurde noch die Definition der Wellenzahl ($k = \omega/c$) ausgenutzt. Die rechte Seite der letztgenannten Gleichung ist der Einfachheit halber in Abb. 14 wiedergegeben. Wie man sieht wird die wahre Intensität grundsätzlich durch den Messwert unterschätzt, es gilt immer $\overline{I}_M < \overline{I}$. Nicht einmal mehr das Vorzeichen stimmt, wenn $\Delta x/\lambda$ größer als 0,5 wird.

Natürlich kommen für die praktische Anwendung nur Mess-Sonden mit $\Delta x/\lambda << 0{,}5$ in Frage. Für diese ergibt eine Näherungsrechnung leicht übersehbare Zahlenwerte für den hier diskutierten systematischen Fehler. Dazu kann man die rechte Seite von Gl. (75) durch eine Taylor-Reihe ($\sin x \approx x - x^3/6$) approximieren und Terme höherer Ordnung vernachlässigen. Abgebrochen nach dem zweiten Glied ergibt sich

$$\frac{\sin 2\pi \Delta x/\lambda}{2\pi \Delta x/\lambda} \approx 1 - \frac{1}{6}(2\pi \Delta x/\lambda)^2. \tag{76}$$

Die Pegeldifferenz zwischen wahrem Intensitätspegel L_I und aus der Messung bestimmten Wert L_M errechnet sich also aus

$$\begin{aligned} L_I - L_M &= -10 \lg \frac{\sin 2\pi \Delta x/\lambda}{2\pi \Delta} \\ &= -10 \lg \left(1 - \frac{1}{6}(2\pi \Delta x/\lambda)^2\right) \end{aligned} \tag{77}$$

Für $(2\pi \Delta x/\lambda)^2/6 = 0{,}2$ beträgt der Messfehler $L_I - L_M = -10 \lg 0{,}8 = 1$ dB, die 1 dB-Grenze des Messfehlers liegt also bei $\Delta x/\lambda = 0{,}17$. Der Messfehler ist demnach nur dann kleiner als 1 dB, wenn etwa $\Delta x < \lambda/6$ gilt. Für einen Abstand von $x = 1{,}2$ cm ließe sich also bis $\lambda = 7{,}2$ cm und damit bis zu $f = c/\lambda = 4720$ Hz messen, wenn der Fehler nicht größer als 1 dB sein soll.

Tieffrequenter Fehler

Ein zweiter, die untere Frequenzgrenze betreffender Fehler ergibt sich, wenn das Schallfeld in einer nicht völlig absorbierenden Umgebung auch stehende Wellen enthält und wenn gleichzeitig in der Messkette ein (kleiner) Phasenfehler auftritt. Solche (sehr) kleinen Phasenunterschiede treten z. B. trotz sorgfältiger Auswahl durch Toleranzen bei Kombinationen aus Mikrofonen und Messverstärkern auf. Typische Herstellerangaben (bei sehr guter Qualität) bestehen in einer Phasentoleranz von etwa nur 0,3°. In einem vorwiegend aus stehenden Wellen gebildeten Schallfeld spiegelt nun die vermeintliche kleine Phasendifferenz der an den zwei Messorten abgeleiteten Signale nach Gl. (60) eine gar nicht wirklich vorhandene, sondern nur dem Phasenfehler zuzuschreibende „Phantom-Intensität" vor. Ohne Phasenfehler würde die Gleichphasigkeit der Signale in der stehenden Welle richtig auf ein Feld ohne Wirkintensität hindeuten.

Eine quantitave Einschätzung dieses Effektes lässt sich wie folgt bestimmen. Zunächst muss der Natur des betrachteten Fehlers gemäß von einem aus fortschreitenden und stehenden Wellenanteilen zusammengesetzten Schallfeld ausgegangen werden:

$$p(x,t) = p_F \cos(\omega t - kx) + p_S \cos kx \cos \omega t. \tag{78}$$

Für die Bestimmung der wahren Intensität ist es etwas bequemer, die stehende Welle durch zwei gegenläufige fortschreitende Wellen auszudrücken (mit Hilfe von $\cos kx \cos \omega t = [\cos(\omega t - kx) + \cos(\omega t - kx)]/2$):

$$\begin{aligned} p(x,t) &= \left[p_F + \frac{p_S}{2}\right] \cos(\omega t - kx) \\ &\quad + \frac{p_S}{2} \cos(\omega t + kx). \end{aligned} \tag{79}$$

Nach Gl. (31) ergibt sich die Amplitude der hinlaufenden Welle dann zu

$$p_{\text{hin}} = \left[p_F + \frac{p_S}{2}\right]$$

und die Amplitude der rücklaufenden Welle zu

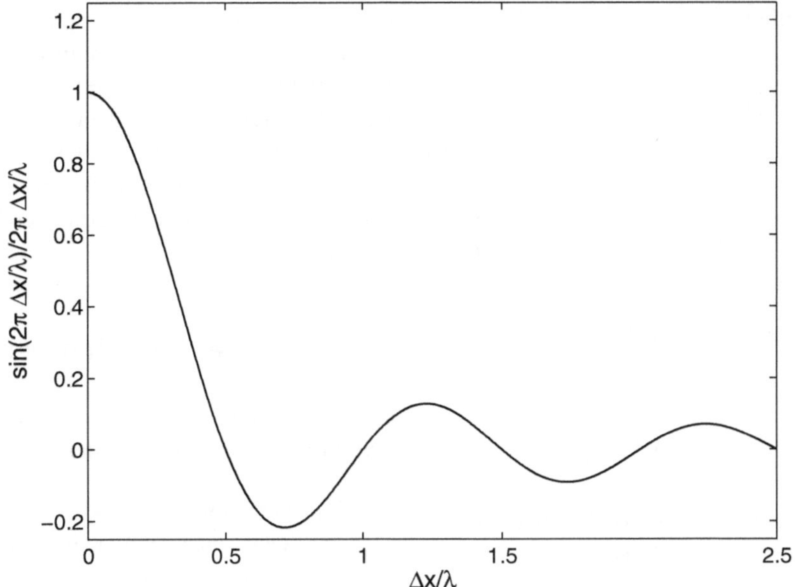

Abb. 14 Quotient aus gemessener und tatsächlicher Intensität

$$p_{\text{rück}} = \hat{p}R = \frac{p_S}{2}$$

Die tatsächlich transportierte Intensität besteht wegen des in Gl. (35) ausgedrückten Prinzips dann in

$$\overline{I} = \frac{1}{2\varrho_0 c}\left\{\left[p_F + \frac{p_S}{2}\right]^2 - \left[\frac{p_S}{2}\right]^2\right\} = \frac{p_F(p_F + p_S)}{2\varrho_0 c}. \tag{80}$$

Zur Bestimmung der gemessenen Intensität I_M ist die Wahl eines Messpunktes x erforderlich, weil der Anteil der stehenden Welle von Ort zu Ort variiert. Die interessierende Phantom-Intensität kommt ja nun durch den Phasenfehler in der stehenden Welle zustande; diese nur durch die Ungenauigkeit hervorgerufene Intensität wird also dann besonders groß sein, wenn auch die Schalldruckverteilung der stehenden Welle große Werte besitzt. Für eine Abschätzung des hier diskutierten Fehlers ‚im schlechtesten Fall' nimmt man an, dass an der Stelle $x = 0$ gerade ein Druckbauch vorliegt. Dann gilt nach Gl. (78) für die am Ort $x = 0$ ohne Phasenfehler und am Ort $x = \Delta x$ mit dem Phasenfehler ε vorgefundenen Signale $p(0)$ und $p(\Delta x)$

$$p(0) = [p_F + p_S]\cos\omega t \tag{81}$$

und

$$p(\Delta x) = p_F\cos(\omega t - k\Delta x + \varepsilon) + p_S\cos(\omega t + \varepsilon)\cos(k\Delta x). \tag{82}$$

Weil hier nur tiefe Frequenzen mit $k\Delta x << 1$ und kleine Phasentoleranzen ε interessieren, kann man die letzte Gleichung noch durch

$$p(\Delta x) = [p_F + p_S]\cos\omega t + [p_F k\Delta x - \varepsilon(p_S + p_F)]\sin\omega t. \tag{83}$$

annähern (dabei ist von $\cos k\Delta x \approx 1$ und von $\cos(\omega t + \varepsilon) \approx \cos\omega t - \varepsilon\sin\omega t$ Gebrauch gemacht worden). Die gemessene Intensität ergibt sich nach Gl. (55) durch Einsetzen von $p(0)$ und $p(\Delta x)$ zu

$$\overline{I}_M = \frac{1}{2\omega\varrho_0\Delta x}\frac{1}{T}\int_0^T \{2[p_F + p_S]\cos\omega t + [p_F k\Delta x - \varepsilon(p_S + p_F)]\sin\omega t\} \cdot \{p_F k\Delta x - \varepsilon(p_S + p_F)\}\cos\omega t\,dt. \tag{84}$$

Daraus folgt schließlich

$$\begin{aligned}\overline{I}_M &= \frac{1}{2\omega\varrho_0\Delta x}\{[p_F + p_S]\{p_F k\Delta x - \varepsilon(p_S + p_F)\}\}\\ &= \frac{[p_F + p_S]\,p_F k\Delta x}{2\omega\varrho_0\Delta x}\left\{1 - \frac{\varepsilon}{k\Delta x}\left(1 + \frac{p_S}{p_F}\right)\right\}\\ &= \frac{[p_F + p_S]\,p_F}{2\varrho_0 c}\left\{1 - \frac{\varepsilon}{k\Delta x}\left(1 + \frac{p_S}{p_F}\right)\right\}\\ &= \overline{I}\left\{1 - \frac{\varepsilon}{k\Delta x}\left(1 + \frac{p_S}{p_F}\right)\right\}, \end{aligned} \tag{85}$$

oder

$$\frac{\overline{I}_M}{\overline{I}} = 1 - \frac{\varepsilon}{k\Delta x}\left(1 + \frac{p_S}{p_F}\right). \tag{86}$$

Wenn man einen Messfehler von 1 dB noch akzeptiert, dann muss bei der Messung

$$\frac{\varepsilon}{k\Delta x}\left(1 + \frac{p_S}{p_F}\right) < 0{,}2 \tag{87}$$

eingehalten werden. Weil die linke Seite von Gl. (87) mit fallender Frequenz wächst bedeutet, sie die Festlegung einer unteren Bandbegrenzung des Messbereiches:

$$f > \frac{\varepsilon}{2\pi}\frac{5c}{\Delta x}\left(1 + \frac{p_S}{p_F}\right). \tag{88}$$

Mit $\varphi = 0{,}3\pi/180$ (das entspricht $0{,}3°$ im Bogenmaß) und $\Delta x = 0{,}5$ dB wird daraus zum Beispiel ungefähr

$$f > 28\left(1 + \frac{p_S}{p_F}\right)\ \text{Hz}.$$

Bei $p_S = 10\ p_F$ ließe sich demnach etwa ab $f = 300$ Hz mit der Toleranz von 1 dB messen. Um das zu erreichen müssten die Wände des Messraumes etwa einen Absorptionsgrad von $\alpha = 0{,}3$ besitzen.

Wie der vorangegangene Abschnitt zeigt, verlangt die Vermeidung von hochfrequenten Fehlern möglichst kleine Messabstände Δx (siehe Gl. (75)), damit bei möglichst hohen Frequenzen noch fehlerfrei gemessen werden kann. Für tiefe Frequenzen ist nach Gl. (88) andererseits ein großes Δx für die fehlerfreie Messung erforderlich. Bei breitbandigen Messungen kommt man deshalb meist nicht mit einem einzigen Mikrofonabstand Δx aus. Man teilt dann den interessierenden Frequenzbereich in zwei Intervalle auf und verwendet zwei verschiedene Abstandshalter, der größere von ihnen wird für den tieffrequenten, der kleinere für den hochfrequenten Messbereich benutzt.

4.5 Normen Intensitätsverfahren

Folgende Normen müssen bei der Mess-Durchführung beachtet werden:

- DIN EN ISO 9614-1 (2009): Bestimmung der Schallleistungspegel von Geräuschquellen aus Schallintensitätsmessungen – Teil 1: Messungen an diskreten Punkten [15]
- DIN EN ISO 9614-2 (1996): Bestimmung der Schallleistungspegel von Geräuschquellen aus Intensitätsmessungen – Teil 2: Messung mit kontinuierlicher Abtastung [20]
- DIN EN ISO 9614-3 (2009): Bestimmung der Schallleistungspegel von Geräuschquellen aus Schallintensitätsmessungen – Teil 3: Scanning-Verfahren der Genauigkeitsklasse 1 [11]
- DIN EN 61043 (1994): Elektroakustik – Geräte für die Messung der Schallintensität – Messung mit Paaren von Druckmikrofonen [13]

Für spezielle Typen von Schallquellen oder die Abstrahlung von Bauteilen sollte der aktuelle Stand der Normung geprüft werden (z. B. ISO 16902 (2003) für die Intensitäts-Messung an Pumpen und ISO 15186 (2000) für die Intensitäts-Messung zur Bestimmung der Luftschalldämmung).

Literatur

1. DIN EN ISO 3740:2001-03 *Akustik – Bestimmung des Schallleistungspegels von Geräuschquellen – Leitlinien zur Anwendung der Grundnormen* (2001)
2. DIN EN ISO 3741:2011-01 *Akustik – Bestimmung der Schallleistungs- und Schallenergiepegel von*

Geräuschquellen aus Schalldruckmessungen – Hallraumverfahren der Genauigkeitsklasse 1 (2011)
3. DIN EN ISO 3744:2011-02 *Akustik – Bestimmung der Schallleistungs- und Schallenergiepegel von Geräuschquellen aus Schalldruckmessungen – Hüllflächenverfahren der Genauigkeitsklasse 2 für ein im Wesentlichen freies Schallfeld über einer reflektierenden Ebene* (2011)
4. DIN EN ISO 3745:2017-10 *Akustik – Bestimmung der Schallleistungs- und Schallenergiepegel von Geräuschquellen aus Schalldruckmessungen – Verfahren der Genauigkeitsklasse 1 für reflexionsarme Räume und Halbräume* (2017)
5. DIN EN ISO 3746:2011-03 *Akustik – Bestimmung der Schallleistungs- und Schalleinergiepegel von Geräuschquellen aus Schalldruckmessungen – Hüllflächenverfahren der Genauigkeitsklasse 3 über einer reflektierenden Ebene* (2011)
6. DIN EN ISO 3747:2011-03 *Akustik – Bestimmung der Schallleistungs- und Schallenergiepegel von Geräuschquellen aus Schalldruckmessungen – Verfahren der Genauigkeitsklassen 2 und 3 zur Anwendung in situ in einer halligen Umgebung* (2011)
7. DIN EN ISO 4871:2009-11 *Akustik – Angabe und Nachprüfung von Geräuschemissionswerten von Maschinen und Geräten* (2009)
8. DIN EN ISO 6926:2016-08 *Akustik – Anforderungen an die Eigenschaften und die Kalibrierung von Vergleichsschallquellen für die Bestimmung von Schallleistungspegeln* (2016)
9. DIN EN ISO 9614-1:2009-11 *Akustik – Bestimmung der Schallleistungspegel von Geräuschquellen aus Schallintensitätsmessungen – Teil 1: Messungen an diskreten Punkten* (2009)
10. DIN EN ISO 9614-2:1996-12 *Akustik – Bestimmung der Schallleistungspegel von Geräuschquellen aus Schallintensitätsmessungen – Teil 2: Messung mit kontinuierlicher Abtastung* (1996)
11. DIN EN ISO 9614-3:2009-11 *Akustik – Bestimmung der Schallleistungspegel von Geräuschquellen aus Schallintensitätsmessungen – Teil 3 Scanning-Verfahren der Genauigkeitsklasse 1* (2009)
12. DIN EN ISO 12001:2010-01 *Akustik – Geräuschabstrahlung von Maschinen und Geräten – Regeln für die Erstellung und Gestaltung einer Geräuschmessnorm* (2010)
13. DIN EN 61043:1994-05 *Elektroakustik; Geräte für die Messung der Schallintensität; Messung mit Paaren von Druckmikrofonen* (1994)
14. Cremer, L.: Die wissenschaftlichen Grundlagen der Raumakustik I–III, Bd. III. Hirzel, Leipzig (1950)
15. Fahy, F.: Sound Intensity. Elsevier Applied Science, London (1989)
16. Kuttruff, H.: Room Acoustics. Applied Science Publishers, London (1973)
17. DIN EN 12354-5:2009 *Bauakustik – Berechnung der akustischen Eigenschaften von Gebäuden aus den Bauteileigenschaften – Teil 5: Installationsgeräusche*
18. Maysenhölder, W.: Körperschallenergie. Hirzel, Leipzig (1994)
19. Maysenhölder, W., Schneider, W.: Sound bridge localization in buildings by structure-borne sound intensity measurement. ACUSTICA **68**, 258–262 (1989)
20. Möser, M.: Die Wirkung von zylindrischen Aufsätzen an Schallschirmen. ACUSTICA **81**(6), 565–586 (1994)
21. Möser, M.: Technische Akustik, 10 Aufl. Springer, Berlin (2015)
22. Möser, M., Kropp, W.: Körperschall, 3 Aufl. Springer, Berlin (2010)
23. Mathiowetz, S.: Prediction of structure-borne sound power injection by vibrational sources with a focus on ship structures. Dissertation, TU Berlin (2014)
24. Oppenheim, A.V., Schafer, R.W.: Digital Signal Processing. Prentice Hall, New Jersey (1975)
25. Vorländer, M.: Revised relation between the sound power and the average sound pressure level in rooms and consequences for acoustic measurements. ACUSTICA **81**, 332 (1995)
26. Waterhouse, R.V.: Interference patterns in reverberant sound fields. JASA **27**, 247 (1955)
27. Wöhle, W.: Zum Schallpegel in Ecken, Kanten und an den Wänden geschlossener Raume bei Rauschen. Hochfrequenztech. Elektroakust. **64**, 158 (1956)